300萬父母都說讚！

200 道 嬰幼兒
主+副食品
全攻略 熱銷增訂版

手殘媽咪也會做！ 電鍋、烤箱、平底就能完成的0～3歲嬰幼兒美味健康餐！

作者——小潔　　審訂——林俐岑 營養師

U0070041

這是一本讓寶寶每天都可以吃不同副食品的十全大補帖，讓媽媽不再手忙腳亂可以輕鬆搞定寶寶副食品的祕笈。跟著小潔媽媽一起親手幫寶寶做副食品，不慌不忙簡單搞定，讓尼力的寶寶也頭好壯壯吃得好開心！真心推薦的副食品書籍，詳細介紹寶寶每個階段的營養攝取，不用上網看到亂慌慌，有這本就搞定，讓寶寶每天都在吃滿漢全席副食品！

知名親子育兒部落客 **尼力**

認識小潔媽咪已經好幾年，她是我見過在副食品上最用心的媽媽，常看到她花很多時間研究嬰幼兒副食品的食譜，而我自己也常參考她的做法，例如高湯、食物泥與粥類，她都能輕鬆變化出不同的口味，甚至連點心麵包都可以自製，美味與營養兼備，讓寶貝吃得開心又健康！

這本書裡，小潔把0～3歲嬰幼兒主副食品都做了完整詳細的攻略，從副食品的製作、餐椅餐具選擇、常見的副食品相關問題等，用淺顯易懂的文字來說明，實用性很高。尤其是裡面的食譜，大部分是電鍋、烤箱、平底鍋就能做出來，連我這種手殘沒廚藝的媽媽也能輕鬆上手，非常推薦給新手父母唷！

知名親子育兒部落客 **野蠻王妃**

生命是來自上天的恩典，而當孩子真實到來時，除了感動，也包含了緊張與不安，緊張的是「我該怎麼去照顧另一個生命呢？」，不安的是「我可以做的好嗎？」，但其實為母則強，母親的溫柔力量總比想像中巨大，對許多媽媽來說，最頭痛的莫過於進入副食品時期。回想4年前新手媽媽的我，爬了許多分享文，也研究過幾本食譜書，堅持親手做孩子的每一份食物，因為副食品是孩子進入大人食物前的離乳食，不只好好吃，也要健康吃，在看了小潔的新書後，更欣喜於台灣又多了一本值得參考的副食品食譜！

知名親子育兒部落客 **愛小宜**

希望每位父母，
都能輕鬆做出愛的料理陪伴孩子

　　媽媽的本領總是一直在進化，當媽媽前沒有想到的事，當媽媽後常常能發揮到淋漓盡致。我從老大妮妮出生後，一直到老二小子的出生，副食品之路越玩越上癮，甚至心得也越積越多。因為妮妮的副食品一直吃得不是很好，為了妮妮的「口福」，我一直在變魔術般絞盡腦汁想一些不同的料理，直到小子出生後，因為從職業媽媽轉為全職媽媽，所以有更多的時間可以泡在廚房裡，去製作副食品及孩子的每一道餐點。

　　從冰磚時期，到每天現做的新鮮副食品時期，我通通都經歷了，其實兩種的辛苦與對孩子的用心都是不變的。從開始在部落格分享第一篇副食品開始，一直到現在，部落格已累積了超過200道食譜，抓取精華再微微調整後，再把這幾年其他媽媽常常跟我討論、分享的問題，通通整理出來，才造就了今天這本書。

　　只要看到孩子開心地把我做的食物吃完，就算在廚房忙得滿頭大汗都值得開心。從泥類、粥、軟飯，到其他主食、零食、點心等，都代表了我們參與了孩子每個過程，這也是我們對孩子每個成長階段，都用愛來陪伴的見證。很多媽媽都是孩子生了之後，從零廚藝變身為料理達人，每一道、每一道的料理，都展現了媽媽對孩子的愛心。

　　這本書希望獻給很想親自料理副食品，卻手足無措的父母們，就算零廚藝也能藉由這本書簡單的料理方式，讓我們輕鬆做出愛的料理來陪伴孩子！這本書走到第3年又經歷了老三的出生，從全職媽媽轉回職業媽媽的我雖然減少了大量泡廚房的時間，但他的泥、粥、軟飯依舊由我親自料理。一路走來到今年的增訂版，還聽取了營養師的建議，讓書裡除了食譜外更加完整及豐富。希望可以幫助更多的新手爸媽，讓你們在幫寶貝準備副食品時，有這本書的陪伴能給予你更多的信心！

小潔

推薦序 2

作者序 3

PART 1　新手爸媽不心慌！搞定副食品大小事

搞懂副食品觀念，「營」在起跑點 10
- 8大基礎觀念，馬上就搞懂 11
- 4大飲食關鍵，讓寶寶吃得營養又健康 13

準備吃副食品囉！製作工具推薦 20
- 冰磚儲存盒 20
- 加熱工具 22
- 打泥&切碎工具 23

開始吃副食品囉！用餐工具推薦 26
- 餐椅 26
- 餵食湯匙&筷子 28
- 圍兜 30
- 碗盤&餐墊 31

PART 2　分齡照顧法！養出不挑食的健康寶寶

4～6個月，寶寶開始吃副食品囉 36
- 副食品第一階段，寶寶的飲食重點 37

7～9個月，煮出營養美味的副食品 40
- 副食品第二階段，寶寶的飲食重點 41

10～12個月，離乳後期更要注重營養 44
- 副食品第三階段，寶寶的飲食重點 45

一歲後，孩子的吃飯這檔事 47
- 副食品階段結束，寶寶三餐飲食重點 48
- 從小就開始，培養良好吃飯習慣 49

Q&A 達人來解惑！副食品問題全攻破 50

PART 3 營養與美味兼顧！食物泥&飯麵主食篇

【食物泥】

● 十倍粥　4個月以上 60
● 小松菜泥　4個月以上 61
● 紅莧菜泥　4個月以上 61
● 南瓜泥　4個月以上 62
● 地瓜泥　4個月以上 62
● 小白菜泥　4個月以上 63
● 小芥菜泥　4個月以上 63
● 洋蔥泥　4個月以上 64
● 蘋果泥　4個月以上 64
● 花椰菜泥　4個月以上 65
● 紅蘿蔔泥　4個月以上 66
● 空心菜泥　4個月以上 66
● 馬鈴薯泥　4個月以上 67
● 香蕉泥　4個月以上 67
● 水梨泥　4個月以上 68
● 七倍粥　5個月以上 68
● 高麗菜泥　5個月以上 69
● 甜椒泥　5個月以上 70
● 小黃瓜泥　5個月以上 70
● 五倍粥　6個月以上 71
● 黑木耳泥　6個月以上 71
● 芹菜泥　6個月以上 72
● 白蘿蔔泥　6個月以上 72
● 木瓜泥　6個月以上 73
● 蛋黃泥　7個月以上 73
● 雞肉泥　7個月以上 74
● 昆布海帶泥　8個月以上 75
● 山藥泥　8個月以上 75
● 毛豆泥　8個月以上 76
● 香菇泥　9個月以上 76

【飯麵主食】

● 海鮮雞肉粥　7個月以上 77

● 山藥紫米粥　7個月以上 78
● 蘿蔔糕　7個月以上 79
● 三色滑蛋粥　7個月以上 79
● 鮮蔬麵疙瘩　7個月以上 80
● 嬰幼兒餛飩　8個月以上 81
● 蔬菜字母麵　8個月以上 81
● 番茄豆腐麵　8個月以上 82
● 雞蓉玉米粥　8個月以上 82
● 番茄菇菇麵　8個月以上 83
● 南瓜雞肉粥　8個月以上 84
● 芹菜豆腐粥　8個月以上 84
● 番茄小米粥　8個月以上 85
● 南瓜碗粿　8個月以上 86
● 香菇肉末粥　8個月以上 87
● 鮮蔬雞絲炒麵　9個月以上 87
● 魚肉滑蛋粥　9個月以上 88
● 豬肉滑蛋粥　9個月以上 88
● 昆布魚肉粥　9個月以上 89
● 雞高湯麵線　9個月以上 90
● 黃瓜鑲軟飯　9個月以上 90
● 南瓜米苔目　9個月以上 91
● 地瓜鮮蔬炊飯　10個月以上 92
● 香菇雞絲軟飯　10個月以上 92
● Q軟肉圓　10個月以上 93
● 南瓜鮮蔬燉飯　11個月以上 94
● 山藥雞肉餡餅　11個月以上 95
● 簡易乾拌麵　1歲以上 95
● 蔥香蛋花湯麵　1歲以上 96
● 絲瓜蛤蠣麵線　1歲以上 96
● 番茄起司焗麵　1歲以上 97
● 海鮮湯麵　1歲以上 98
● 白醬義大利麵　1歲以上 98
● 雞肉味噌拉麵　1歲以上 99
● 營養海鮮粥　1歲以上 100

● 番茄海鮮炊飯　1歲以上.............100
● 蝦仁豆腐粥　1歲以上.............101
● 百菇吐司披薩　1歲以上.............102
● 兒童版大阪燒　1歲以上.............102
● 滑蛋牛肉粥　1歲以上.............103
● 鳳梨鮮蝦燉飯　1歲以上.............104
● 香菇羹湯細麵　1歲以上.............104
● 兒童版披薩　1歲以上.............105
● 兒童版好吃燒　1歲以上.............106
● 芋頭糕　1歲以上.............107

【湯品類】
● 蔬果濃湯　8個月以上.........108
● 蘋果雞湯　8個月以上.........109
● 南瓜濃湯　8個月以上.........110
● 玉米濃湯　8個月以上.........111
● 山藥排骨湯　9個月以上.........112
● 香菇雞湯　9個月以上.........113
● 百菇濃湯　10個月以上.........114
● 蓮藕排骨湯　10個月以上.........114
● 枸杞虱目魚湯　10個月以上.........114
● 蔬菜牛肉湯　1歲以上.........114
● 蒜香蛤蠣雞湯　1歲以上.........115
● 番茄牛肉湯　1歲以上.........116
● 牛蒡燉雞湯　1歲以上.........116

● 番茄海鮮湯　1歲半以上.........116
● 海鮮濃湯　1歲半以上.........117

【高湯類】
● 蔬菜高湯　5個月以上.........119
● 蘋果蔬菜高湯　5個月以上.........119
● 蘋果洋蔥高湯　5個月以上.........119
● 五蔬果高湯　6個月以上.........119
● 番茄蓮藕高湯　6個月以上.........120
● 昆布雞骨高湯　8個月以上.........120
● 高麗軟骨高湯　8個月以上.........121
● 鮮蔬軟骨高湯　8個月以上.........122
● 玉米鮮蔬高湯　8個月以上.........122
● 甘蔗鮮蔬高湯　10個月以上.........122
● 雙骨高湯　10個月以上.........122
● 干貝蔬果高湯　11個月以上.........123
● 鮮貝雞骨高湯　11個月以上.........124
● 番茄魚骨高湯　11個月以上.........124
● 枸杞魚骨高湯　11個月以上.........124
● 番茄鮮貝高湯　11個月以上.........124
● 蘿蔔魚骨高湯　11個月以上.........125
● 酪梨海鮮高湯　11個月以上.........125
● 鮮蔬牛骨高湯　1歲以上.........125
● 甘蔗牛骨高湯　1歲以上.........125

PART 4 自製最安心！寶寶零食點心&麵包篇

【手指食物】
● 豆腐漢堡排　8個月以上.........128
● 地瓜簽煎餅　8個月以上.........129
● 烤薯條　8個月以上.........130
● 雞肉鮮蔬肉排　8個月以上.........131
● 香菇米煎餅　10個月以上.........132
● 珍珠丸子　10個月以上.........132

● 南瓜雞肉煎餅　10個月以上.........133
● 雞肉麵線蛋煎　10個月以上.........134
● 迷你雞蛋飯捲　10個月以上.........135
● 不烘炸雞塊　10個月以上.........135
● 法國小方塊　10個月以上.........136
● 高麗菜飯捲　10個月以上.........137
● 百菇煎餅　10個月以上.........138

● 彩色小飯糰　　11個月以上........139
● 香菇蔥肉餅　　11個月以上........140
● 吻仔魚煎餅　　1歲以上........140
● 玉子燒　　　　1歲以上........141
● 牛肉薯餅　　　1歲以上........142
● 鮮蔬牛肉丸子　1歲以上........142
● 迷你蝦餅　　　1歲以上........143

【零食點心】
● 芝麻糊　　　　6個月以上........144
● 芝麻奶酪　　　6個月以上........145
● 雙色果凍　　　6個月以上........146
● 配方奶雪花糕　6個月以上........147
● 地瓜薄片　　　6個月以上........148
● 小巧蛋黃餅　　7個月以上........149
● 小饅頭　　　　7個月以上........150
● 黑糖拉拉棒　　7個月以上........150
● 黑糖紅豆湯　　7個月以上........151
● 快速檸檬愛玉　7個月以上........152
● 黑糖小饅頭　　7個月以上........152
● 水果QQ糖　　　8個月以上........153
● 木耳蓮子粥　　8個月以上........154
● 米餅　　　　　8個月以上........154
● 杏仁瓦片　　　8個月以上........155
● 柳橙蛋白餅　　8個月以上........156
● 黑糖蓮藕Q糕　8個月以上........156
● 紅棗黑木耳露　8個月以上........157
● 柳橙包心磚　　8個月以上........158
● 薑汁雙色甜湯　8個月以上........159
● 雙泥捲心　　　9個月以上........160
● 地瓜圓薑湯　　10個月以上........161
● 奶油煎餅　　　10個月以上........162
● 豆漿雪花糕　　10個月以上........163
● 蘋果布丁　　　10個月以上........164
● 芝麻布丁　　　10個月以上........165
● 八寶粥　　　　11個月以上........166

● 藍莓果醬　　　11個月以上........166
● 軟式可麗餅　　1歲以上........167
● 水果麥仔煎　　1歲以上........168
● 乳酪絲米餅　　1歲以上........168
● 鮮奶芋絲粿　　1歲以上........169
● 蜂蜜芋泥球　　1歲以上........170
● 百香鮮奶酪　　1歲以上........170
● 芋頭西米露　　1歲以上........171
● 香甜燉奶　　　1歲以上........172
● 黑糖雪花糕　　1歲以上........173
● 銅鑼燒　　　　1歲半以上........174
● 芒果鮮奶布丁　2歲以上........175

【蛋糕麵包】
● 地瓜蛋糕　　　10個月以上........176
● 黑糖饅頭　　　10個月以上........176
● 一口麵包　　　10個月以上........177
● 地瓜饅頭　　　10個月以上........178
● 雙色饅頭　　　10個月以上........178
● 香蕉蛋糕　　　10個月以上........178
● 黃金牛奶吐司　10個月以上........179
● 全麥鮮奶吐司　10個月以上........179
● 豆腐蛋糕　　　11個月以上........179
● 紅豆饅頭　　　11個月以上........180
● 小餐包　　　　11個月以上........180
● 南瓜鮮奶饅頭　11個月以上........181
● 百香綿花蛋糕　11個月以上........182
● 平底鍋煎蛋糕　11個月以上........182
● 蛋糕水果捲　　11個月以上........183
● 香橙電鍋蛋糕　11個月以上........183
● 雞蛋糕　　　　1歲以上........183
● 蜂蜜蛋糕　　　1歲以上........183
● 蜂蜜瑪德蓮　　1歲以上........184
● 電鍋蒸米蛋糕　1歲以上........184
● 鮮奶司康　　　1歲以上........184
● 免揉鬆餅麵包　1歲以上........185

附錄.............186

PART
1

新手爸媽不心慌，
搞定副食品大小事

什麼時候該吃副食品？副食品的提供順序？
高鐵高鈣食物營養表、食物過敏層級表，達人推薦副食品製作工具、
寶寶用餐工具大公開，讓你製作副食品省時又省力！

搞懂副食品觀念，「營」在起跑點

　　寶寶4～6個月開始，如果大人吃東西時會專注地盯著看，或是想跟你搶食物，那就代表他準備好要吃副食品囉！寶寶4個月～一歲所吃的食物，稱為副食品（Baby Food），為什麼要吃副食品呢？這是為了要訓練寶寶的咀嚼能力，因應寶寶之後要適應不同的固體食物而做準備，而且寶寶在6個月之後，鐵質與熱量的需求大增，這個時候就要藉由副食品來補充了。

◎副食品添加建議

寶寶月齡	添加建議	添加重點
0～3個月	●3～4小時餵一次奶，共餵食6次。	●不需添加任何副食品。
4～6個月	●3～4小時餵一次奶，共餵食6次。 ●1天吃1次副食品，分量無所謂，吃得少也沒關係。 ●副食品可在兩餐奶之間給予，選較接近午餐的時間餵食。	●副食品以液狀（10倍粥）、食物泥為主，從低敏食物開始試。
7～9個月	●3～4小時餵一次奶，共餵食5次。 ●1天吃2次副食品，可在接近午餐的時間、下午時段各給予1次。	●副食品開始嘗試稍有顆粒狀的，例如7倍粥或5倍粥，搭配蔬菜泥、水果泥食用。 ●當寶寶吃過4～5種不同食物後，便可以混合餵食。
10～12個月	●每日餵2～3次奶，看孩子需求。 ●1天吃2～3次副食品，可在早餐、午餐、晚餐時間給予。	●副食品開始嘗試半固體、軟質固體，例如粥、蔬菜丁等。
一歲後	●每日餵2～3次奶，看孩子需求。 ●1天吃3次主食，在早餐、午餐、晚餐時間給予。	●副食品變成主食，可開始減少奶量。 ●食材以碎丁狀，或是用食物剪來剪成細碎。

8大基礎觀念，馬上就搞懂

剛踏入副食品領域的家長們，可能會對副食品手忙腳亂，到底該什麼時候給寶寶吃？又要給寶寶吃什麼？別心慌，趕快跟我一起來了解副食品的基礎觀念吧！

餵食時機

4～6個月就可以給予副食品，若是高過敏體質的寶寶，就算要拖延，也盡可能不要超過6個月。如果遇到過敏症狀可以先觀察看看，或等孩子再長大一些時，再試該樣食材。小兒科醫學會建議，**副食品應該少量逐漸增加，而且建議一次不要給兩種以上的新食材**，寶寶食用後要注意是否有過敏的情況，吃了3～5天後沒有異狀，就可以再嘗試下一個食材。

CHECK！寶寶該吃副食品了嗎？

- ☑ 寶寶體重滿出生時的2倍（例如出生為3000公克，現在已滿6000公克）。
- ☑ 寶寶可以趴著撐起頭部。
- ☑ 能稍微保持坐姿，而且喜歡吃手。
- ☑ 對食物產生興趣，會盯著大人的食物，或是想搶食物。

※餵食月齡為4～6個月

餵食次數

寶寶一歲前的主餐仍是以「奶」為主，**副食品並非取代主餐，所以可以介於兩餐奶之間**。一開始從20ml、30ml慢慢加量，到後面吃得比較好的時候，再來取代一餐的奶，然後漸漸加量至取代兩餐奶，這樣約一歲時，剛好可以變成三餐，與大人的作息相同。一歲後的餐與餐之間，如果寶寶想喝奶，還是可以給予，但以三餐為主、奶類為輔，甚至有的孩子一天只喝2次奶，分別為早上（睡醒）、晚上（睡前）。

餵食方式

餵食副食品的時候，要以小湯匙餵食，不要以奶瓶方式餵喔！因為在給予副食品的同時，也能訓練寶寶的吞嚥能力，可以將湯匙輕碰住寶寶下唇，待寶寶嘴巴打開時再予以倒入，這樣能讓寶寶習慣湯匙的餵食法。餵食的種類可以**從液狀→泥狀（糊狀）→細碎（丁狀）→塊狀的方式來添加**，慢慢地訓練他們的吞嚥與咀嚼食物能力。

餵食順序

我是以**十倍粥（米湯、米糊）→食物泥→七倍粥→五倍粥（水分遞減調整濃稠度）的方式來進行**，大約副食品吃了2個月之後，就可以試著將食物泥打得沒這麼軟爛，甚至也可以用食物剪或是調理機的切碎功能來將食材切成細碎，這樣能訓練寶寶的咀嚼能力。調整食物濃稠度時，要同時觀察寶寶的排便，確認是否有吸收消化，或是直接排出食材。如果連續好幾天都是直接排出食材，那可以再試著把食物弄得更小一點。但如果是剛開始吃副食品的話，可以先觀察1～2天，因為咀嚼能力也是需要練習的。

食物調味

寶寶的器官、腸胃都尚未發展完成，所以盡可能要以食物天然的原味去呈現，製作副食品時不需要任何的調味，才能減少寶寶身體器官的負荷，若要調味也盡可能以非加工調味料，或是少許清淡調味為主，而一歲後的飲食也要清淡，才能避免造成寶寶腸胃過度負擔！

食物過敏

如果寶寶出現紅疹、嘔吐、拉肚子的症狀，就要注意他是否正在嘗試新食物，可能產生過敏現象了，建議先暫停食用該食材，等寶寶長大點再給予。因此大部分都**建議吃副食品時，盡可能一次給予一樣食材就好，這樣比較清楚過敏源。**

除此之外，餵食的時候，建議盡量在白天或中午之前餵食，這樣若寶寶產生過敏或脹氣等問題，可以及時看醫生求診。

稀釋果汁

有些家長會將果汁稀釋來給寶寶喝，若要**稀釋的話通常是以1：1的方式**，例如10cc的原汁搭配10cc的水來給予。我家老大還小時，有時我也用果汁：水＝1：2的方式來給予，因為我比較擔心寶寶如果習慣吃甜食，以後就不愛喝水了，所以我並不常給寶寶喝稀釋果汁。

食物型態

寶寶剛開始接觸副食品的時候，必須給予泥狀的食物，這時就要將煮熟的食物、水果，以果汁機、調理機、攪拌棒的方式來攪打成泥，這個就稱為「食物泥」。當寶寶食物泥吃得越來越好、分量越來越多，可以再漸漸給予一些略有顆粒、半固體、軟質固體的食材。

🍌 4大飲食關鍵，讓寶寶吃得營養又健康

從寶寶第一口副食品開始，在餵食的食材、餵食的順序上，都必須謹慎選擇，才能讓寶寶吃得營養又健康。有些食材是低過敏性、有些是高過敏性，甚至有些食材在一歲前都不能給寶寶吃，免得造成他們的腸胃負擔，這些都是新手爸媽們在副食品之路上，要特別注意的事情喔！

POINT1 先從低敏食物開始試

日本、美國曾進行「全國過敏食物調查」，日本發現主要引起過敏原的食材為：蛋、牛奶、小麥、蕎麥、花生，而美國則是牛奶、蛋、魚、花生、小麥、大豆、貝類與核果類。雖然台灣在這個部分並沒有正式的醫學統計，可是醫生們在非正式調查中有發現，**台灣人很容易對豆類、奶類、蛋類、殼類海鮮等食物過敏，因此在飲食上必須特別注意。**

特別是剛接觸副食品的寶寶們，一定要特別留意食物的過敏現象，掌握的關鍵就是：從低敏食材開始試，一次只試一種新食材，試個3～7天沒異常反應，就可再試下一個新食材。已經試過後沒問題的食材，就可以混合食用（例如紅蘿蔔+馬鈴薯泥等等），但若是有過敏現象，請先暫停食用該食材，等1～2個月再重新嘗試。

NOTE

● 餵食副食品時，建議先依序從澱粉（米）→蔬菜→水果→蛋黃開始嘗試，等到副食品第二階段（7～9個月）開始，就可以從豆類→白肉類→紅肉類的順序，少量嘗試。

● 水果經高溫加熱再食用，可以減少過敏原的數量喔！

◎高低過敏食材層級表

分類	低過敏原	高過敏原
澱粉	白米、大麥、燕麥、裸麥、蕃薯、馬鈴薯、小米、白麵條	玉米、小麥、全麥、蕎麥
蔬菜	菠菜、高麗菜、紅蘿蔔、花椰菜、南瓜、蘿蔔、地瓜、萵苣、小松菜、蘆筍、甜菜、小黃瓜、小白菜、大白菜、青椒、紅黃椒、油菜、秋葵	韭菜、芹菜、芥菜、茄子、竹筍、山藥、番茄、香菇、蘑菇、木耳、豌豆
水果	梨子、葡萄、櫻桃、棗子、蓮霧、蘋果、西瓜、哈蜜瓜、杏桃、酪梨、小紅莓、棗子	香蕉、柳丁、橘子、葡萄柚、草莓、奇異果、芒果、木瓜、桃子、柑橘類水果、椰子、番茄
肉蛋豆類	白肉魚（肉質蒸熟後是白色的）、雞肉、羊肉、牛肉	大豆、蛋白、豬肉、有殼海鮮（蝦、蟹等）、不新鮮的魚、黃豆製品、鮭魚、海帶、鮪魚
奶類	母奶、水解蛋白配方	各式乳製品、鮮奶
油脂甜食	亞麻仁油、芥花油、葵花油、葡萄乾、蜂蜜（但需滿一歲才可吃）、酪梨油、橄欖油	花生油、堅果類、巧克力、咖啡、肉桂、果仁、花生醬、芝麻醬、酵母、人工食品添加物（例如人工色素、防腐劑、香料、黃色布丁、黃色糖果、五香豆干等）、含酒精飲料或食物

※這個食物過敏表格，是依照我個人經驗、參考綜合資料所得，但因為每個人過敏體質不同，表格僅供參考喔！

POINT 2 搞懂寶寶的飲食禁忌

雖然寶寶4～6個月就能開始吃副食品，但在飲食上還是有許多要注意的事項，可不是什麼食物都能給寶寶吃喔！其中有些食物是建議一歲～一歲半再食用的，新手父母們一定要注意！

一歲前飲食禁忌

1. **蜂蜜**：蜂蜜雖然營養豐富，但因為可能含有肉毒桿菌孢子，一歲以下食用容易中毒。

2. **花生**：花生或其製品因含有花生油酸，食用後容易產生過敏反應。

3. **鮮奶**：成分裡的蛋白質分子結構較大，而寶寶腸胃發育尚未完全，會讓寶寶腎臟負擔太大。

4. **蛋白**：成分裡較容易引起過敏反應，9～10個月時可以先少量嘗試，較擔心的父母可以等一歲後再嘗試。

5. **海鮮**：屬於高過敏食材，而且因為保存不易所以很容易腐敗。一歲前可少量嘗試，或一歲後再嘗試。

6. **麵條**：小麥是高過敏食材，一歲前可少量嘗試，或一歲後再嘗試。

POINT3 食材營養攝取大補帖

　　寶寶從母體中所吸收的鐵質，大約只能在體內儲存6個月左右，因此6個月之後就要開始補充鐵質，這也是為什麼有些配方奶裡會添加鐵質的原因。除此之外，還有許多營養素必須均衡攝取，才能讓寶寶吃得營養健康，底下列出各種常見食物營養素的功能，方便各位家長們查閱。

◎基本營養素功用

營養素	主要功用	食物來源
蛋白質	維持人體生長發育，構成及修補細胞、組織，可調節生理機能並供給熱能。	奶類、肉類、蛋類、魚類、豆類及豆製品、內臟類、全穀類等。
脂肪	供給熱能，幫助脂溶性維生素的吸收與利用。	沙拉油、花生油、豬油、乳酪、乳油、人造奶油、麻油等。
醣類	供給熱能，幫助脂肪在體內代謝並調節生理機能。	米、飯、麵條、饅頭、玉米、馬鈴薯、蕃薯、芋頭、樹薯粉、甘蔗、蜂蜜、果醬等。

◎脂溶性維生素功用

營養素	主要功用	食物來源
維生素A	使眼睛適應光線之變化，維持在黑暗光線下的正常視力，還能增加抵抗傳染病的能力、促進牙齒和骨骼的正常生長。	肝、蛋黃、牛奶、牛油、人造奶油、黃綠色蔬菜及水果（例如白菜、紅蘿蔔、菠菜、番茄、黃心或紅心蕃薯、木瓜、芒果等）、魚肝等。
維生素D	協助鈣、磷的吸收與運用，幫助骨骼和牙齒的正常發育，且為神經、肌肉正常生理上所必須。	魚肝油、蛋黃、牛油、魚類、肝、香菇等。
維生素E	減少維生素A及多元不飽和脂肪酸的氧化，控制細胞氧化。	穀類、米糠油、小麥胚芽油、棉子油、綠葉蔬菜、蛋黃、堅果類等等。
維生素K	可促進血液在傷口凝固，以免流血不止。	綠葉蔬菜如菠菜、高麗菜、萵苣，是維生素K最好的來源，蛋黃、肝臟亦含有少量。

※能溶解於脂肪者，稱「脂溶性維生素」。

◎礦物質功用

營養素	主要功用	食物來源
鈣	構成骨骼和牙齒的主要成分,可調節心跳及肌肉的收縮,使血液有凝結力,維持正常神經的感應性。	奶類、魚類(連骨進食)、蛋類、深綠色蔬菜(例如花椰菜、高麗菜、油菜、芥藍菜)、豆類及豆類製品。
磷	組織細胞核蛋白質的主要物質,可促進脂肪與醣類的新陳代謝,也是構成骨骼和牙齒的要素。	家禽類、魚類、肉類、全穀類、乾果、牛奶、豆莢等。
鐵	組成血紅素的主要元素,也是體內部分酵素的組成元素。	肝及內臟類、蛋黃、牛奶、瘦肉、貝類、海藻類、豆類、全穀類、葡萄乾、綠葉蔬菜等。
鉀 鈉 氯	維持體內水分之平衡及體液之滲透壓,能調節神經與肌肉的刺激感受性。這三種元素若缺乏任何一種時,就會使人生長停滯。	鉀:瘦肉、內臟、五穀類。 鈉:奶類、蛋類、肉類。 氯:奶類、蛋類、肉類。
氟	構成骨骼和牙齒之一種重要成分。	海產類、骨質食物、菠菜等。
碘	甲狀腺球蛋白的主要成分,以調節能量之新陳代謝。	海產類、肉類、蛋、奶類、五穀類、綠葉蔬菜等。
銅	與血紅素之造成有關,可以幫助鐵質之運用。	肝臟、蚌肉、瘦肉、硬殼果類等。
鎂	構成骨骼之主要成分,可調節生理機能,並為組成幾種肌肉酵素的成分。	五穀類、堅果類、瘦肉、奶類、豆莢、綠葉蔬菜等。

◎水溶性維生素功用

營養素	主要功用	食物來源
維生素B1	增加食慾、促進胃腸蠕動及消化液的分泌，能預防及治療腳氣病神經炎。	胚芽米、麥芽、米糠、肝、瘦肉、酵母、豆類、蛋黃、魚卵、蔬菜等。
維生素B2	輔助細胞的氧化還原作用，防治眼血管沖血及嘴角裂痛。	酵母、內臟類、牛奶、蛋類、花生、豆類、綠葉菜、瘦肉等。
維生素B6	幫助胺基酸之合成與分解、幫助色胺酸變成菸鹼酸。	肉類、魚類、蔬菜類、酵母、麥芽、肝、腎、糙米、蛋、牛奶、豆類、花生等。
維生素B12	對醣類和脂肪代謝有重要功用，可以治療惡性貧血及惡性貧血神經系統的病症。	肝、腎、瘦肉、乳、乳酪、蛋等。
菸鹼酸	使皮膚健康，甚至也有益於神經系統的健康。	肝、酵母、糙米、全穀製品、瘦肉、蛋、魚類、乾豆類、綠葉蔬菜、牛奶等。
葉酸	幫助血液的形成，可以防治惡性貧血症。	新鮮的綠色蔬菜、肝、腎、瘦肉等。
維生素C	加速傷口之癒合，增加對傳染病的抵抗力。	深綠及黃紅色蔬菜、水果（例如青辣椒、蕃石榴、柑橘類、番茄、檸檬等）。

※能溶解於水者，稱水溶性維生素。（以上資料來源：衛生福利部食品藥物管理署）

 POINT4 掌握維生素加乘效果

　　寶寶的成長中，需要許多蛋白質、礦物質、維生素等營養，這些大部分都能在寶寶開始添加副食品後，獲取到所缺乏的營養素。但是各種維生素其實是必須互助合作，發揮身體「潤滑油」的作用，才能加強促進營養功效，因此一定要每日均衡攝取各類營養素喔！

　　許多營養素在食用時，有促進或抑制的效果，其中鐵質是6個月後寶寶必須加強補充的營養素，而鈣質則是讓寶寶長高、長壯的重要營養素，這兩種礦物質也是家長們最在意的，底下列出促進鐵質、鈣質的吸收方式，能讓寶寶吃得更有效吸收！

◎鐵質&鈣質吸收方式

礦物質	促進吸收	抑制吸收	說明
鐵	**維生素C、檸檬酸、肉類**能幫助鐵的吸收，例如在食用高鐵的食物後，再補充維生素C含量高的水果，就能加強吸收率喔！	奶、蛋、高鈣的食物、咖啡、茶，會抑制鐵質吸收，不要加在一起食用。	吃含鐵量高的食物一天一餐即可，否則很容易引起便祕。
鈣	**維生素D**（可多曬太陽或吃香菇攝取，香菇若經日曬，維生素D含量更高）、**維生素K、蛋白質**，能促進鈣質吸收，還有多運動也有幫助喔！	**含有草酸（例如菠菜）、高鐵質的食物**，會抑制鈣的吸收，因此若同時攝取高鐵、高鈣食物，反而會讓吸收效果變差喔！	維生素D、K是脂溶性維生素，必須要有油才會溶出。建議可以用**高麗菜（含維生素K）+香菇（含維生素D）+高鈣食材+一點點油**拌炒，更能促進鈣質吸收。

準備吃副食品囉！製作工具推薦

　　準備要開始製作副食品了，忙碌的父母們，只要挑選好的製作工具，就有事半功倍的效果喔！底下是我秉持實驗精神，買過、用過這麼多工具後，列出我自己推薦的工具給各位家長參考。

冰磚儲存盒

　　有些家長因為時間上的關係，無法天天準備寶寶的副食品，而且初期寶寶副食品的食用量又很少，這時就可以一次烹煮完成，再放入製冰盒或保存盒分裝，冰進冷凍庫裡，這就稱為「冰磚」。每次要食用前，再透過微波爐或是電鍋加熱即可。

▲將食物放入製冰盒，再冰進冷凍庫就稱為「冰磚」。

冰磚使用與保存方式

1. 一種食材做成一個冰磚，不要混合後再做冰磚，這樣較容易辨別寶寶喜歡哪種食物、不喜歡哪種食物。

2. 冰磚最好在一週內食用完畢，最久不要超過兩週。

3. 建議以加蓋製冰盒直接保存，加熱前再一塊塊取出加熱。

4. 以製冰盒放入冷凍4～5個小時後，便將製冰盒中的冰磚取出，放入保鮮袋保存分裝。

加蓋製冰盒

　　一般有蓋的製冰盒都可以使用，這是最容易取得、價格也較親民，但是容量較受限。

推薦 大創製冰盒、貝親副食品保存盒

▲冰磚工具種類有很多，尺寸、大小各不同。

食物保鮮盒

　　部分食物保鮮盒上還有容量顯示，在拿捏分量的多寡上會比較好控制。除此之外，有的玻璃保鮮盒，甚至可以直接放入電鍋加熱呢！這類保鮮盒很方便使用，但缺點是單價比較高。

推薦 樂扣樂扣、康寧

副食品分裝盒

　　不少品牌都有為了副食品出專門的分裝盒，有些會依照不同的容量來做區分，甚至可以在外盒用水性筆寫字，註明食物內容，讓家長更容易辨別。除此之外，專門的分裝盒還有特殊設計，能讓你拿取更方便，這些設計都很實用。

推薦 Brother Max副食品分裝盒、利其爾離乳食品保存盒、保存名人、阿卡將副食品保存盒

▲Brother Max副食品分裝盒，是許多媽媽愛用的冰磚儲存盒唷！

🍌 加熱工具

在加熱工具的選擇上，我建議以家裡現有的工具為主去準備，如果家裡都沒有這些工具，再來想想哪樣的CP值、使用率最高。在沒有任何工具的情況下，其實食物調理機是很不錯的選擇，因為它的應用範圍很廣，除了做孩子的副食品，還能煮濃湯、當果汁機呢！

食物調理機

食物調理機可以說是忙碌父母的好幫手！這是屬於一機多功能的用法，在什麼工具都沒有的情況下，它能一機包辦幫父母處理好寶寶的副食品，甚至也能取代果汁機的功能，因為它蒸煮、攪拌、加熱功能全都有，真的是十分方便的工具呀！

推薦 Babymoov食物調理機

▲Babymoov食物調理機的CP值非常高！

電鍋

這是最常見的加熱蒸煮器具，不需要顧爐火即可以上菜，但部分葉菜類不適合用電鍋蒸煮太久，例如地瓜葉、青花菜等綠色蔬菜類，它們若燜過熟很容易變黃，因此建議放入電鍋後，待蒸熟就趕快取出。怕菜變黃的家長們，可以選擇比較不怕變色的蔬菜，例如白蘿蔔、洋蔥、茄子，就比較不怕變色的問題。

推薦 用家裡習慣的品牌即可。

▲把冰磚放入電鍋裡蒸熟，就可食用囉！

瓦斯爐、黑晶爐

瓦斯爐是最常見的加熱方式，冰磚也可以用隔水加熱的方式，而新鮮的葉菜類也可以燙過再去打成泥，甚至還能搭配鍋子來煎煮炒炸呢！

推薦 用家裡習慣的品牌即可。

微波爐

微波爐是很方便快速的加熱工具，最常見的副食品用法，是用在冰磚退冰加熱的時候，但要使用微波加熱後，不會產生毒素的器具裝食物才可以。

推薦 用家裡習慣的品牌即可。

打泥&切碎工具

寶寶大約11個月以後，就準備要開始適應固體食物了，這個時候必須準備打泥、切碎工具，讓它們開始練習食用小細碎的固體食物。

調理棒

調理棒適合4~6個月寶寶的食物泥時期，它在使用上會比果汁機來得方便些，因為可以少量、少量的打細碎。除此之外，前面提到的Babymoov食物調理機，也可以當做食物攪拌的功能。

推薦 Cuisinart CSB-77TW

▲調理棒也就是攪拌棒，能輕鬆將食物攪打成泥。

切碎盒

切碎盒的使用範圍很廣，當孩子不再需要打成泥的時候，處理食材幾乎都可以靠它，可以適用到孩子約2~3歲，細碎食材只要用切碎盒切碎再來料理，就不用切得這麼辛苦啦！

推薦 Cuisinart CSB-77TW（切碎盒組）

▲Cuisinart CSB-77TW有附切碎盒組，可以迅速把食材切細碎。

食物剪

食物剪是孩子副食品時期不可或缺的好朋友，主要用途是把食材剪小塊，讓孩子方便食用。外出時一定要攜帶，可以說是帶孩子外出必備的工具，挑選時建議要挑不鏽鋼的，就不用擔心塑化劑或生鏽的問題。

推薦 日本gino鋸齒剪、手術剪、3M食物剪

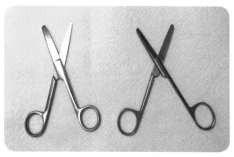

▲不鏽鋼的手術剪藥局都有在賣，價格便宜而且採用不鏽鋼設計，可以直接用熱水消毒或放進消毒鍋裡，非常實用喔！

食物調理機，製作副食品的好幫手

食物調理機是製作副食品的好幫手，因為它是一機多功能的設計，具有攪拌、蒸煮、加熱功能，因此能蒸煮食物、加熱奶瓶、消毒奶瓶，甚至用來打果汁、製作濃湯都很簡單容易，忙碌的父母們有了它，幫寶寶準備食物可說是輕鬆不少！

Babymoov食物調理機食譜示範

紅蘿蔔泥+高麗菜泥 4個月以上

寶寶若對這兩樣食材都不會過敏或排斥，媽媽就可以將兩樣蔬菜一起放入攪拌器打泥，一次吃到兩種蔬菜，省時又方便。

材料
紅蘿蔔適量、高麗菜適量

作法

❶ 一次製作兩種蔬菜泥，將紅蘿蔔切小丁放入蒸籃下層，高麗菜切碎放蒸籃上層，蒸15分鐘。

❷ 蒸好後將紅蘿蔔放入攪拌器，可以加入些許蒸煮液或水打成泥，取出後再將高麗菜放入攪拌器，同樣加入蒸煮液或水打成泥。

山藥紫米粥 7個月以上

營養豐富的山藥與紫米，利用調理機蒸熟後並混合，就是營養又好吃的山藥紫米粥。

材料
山藥少許、紫米飯1碗

作法

❶ 山藥切小丁放入蒸籃下層，蒸10分鐘。

❷ 上層再放入已煮好的紫米飯，加一點水一起蒸，讓紫米飯變軟，跟山藥再蒸5分鐘。

❸ 將蒸好的山藥加入紫米粥裡攪拌即完成，擔心山藥太大塊的話，可以用湯匙切細碎。

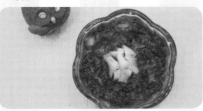

玉米濃湯 8個月以上

如果寶寶還不太會咬顆粒食物，可以將煮好的食材一半打成泥，一半用刀或湯匙切碎，全部攪拌成有小顆粒狀的濃湯，這樣能訓練孩子用牙齦或牙齒咬碎食物。

材料
馬鈴薯1小顆、紅蘿蔔1/4根、玉米1根（取玉米粒）、滴雞精（或高湯）100cc、水400cc

作法

❶ 將馬鈴薯和紅蘿蔔切小丁，放入蒸籃下層後，再把玉米用小碗裝好放上層，一起蒸15分鐘。

❷ 將蒸好的馬鈴薯、紅蘿蔔、玉米各倒一半到攪拌器，並加入水及高湯打成泥。

❸ 將打好的濃湯加入剩下的馬鈴薯、紅蘿蔔，並將玉米切碎加入，攪拌即完成。

開始吃副食品囉！用餐工具推薦

要開始吃副食品囉！首先我們要挑選好的用餐工具，例如餐椅、湯匙、筷子、圍兜、碗盤、餐墊等工具，有了這些工具的輔助，可以讓你的餵食副食品之路更輕鬆容易喔！

 餐椅

寶寶開始用餐後，就建議將他們練習坐在餐椅上吃，這樣才能養成他們定點用餐的習慣，有些寶寶因為從小沒有特別訓練，每到用餐時就會跑給父母追，如果從小就開始訓練就能避免這樣的情況。

幫寶椅

副食品的第一階段（4～6個月時期），有些家長會準備「幫寶椅」給寶寶坐，因為這個椅子比較適合還坐不穩的孩子，它可以固定住寶寶的雙腳跟身體。但是月齡較大的寶寶就不適合坐了，必須再換其他餐椅來坐。另外，這種椅子不適合高處使用喔！

推薦 幫寶椅、anbebe

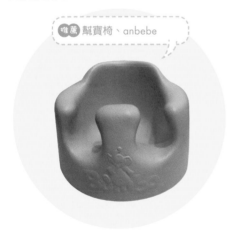

餐搖椅

餐搖椅可以當餐椅、安撫椅，因為可以調整的角度幅度較大，所以在寶寶還坐不穩的時候，可以用半傾斜的角度餵寶寶吃飯。但是若想讓寶寶自己學習餵食的時候，就必須再搭配上防髒布，拆洗上會比較麻煩一些。

推薦 combi餐搖椅

▲餐搖椅不僅可以當餐椅，還能當安撫椅。

固定高度餐椅

此款桌椅是外面餐廳較常見的款式，有一定的高度，椅子間的縫隙也無法調整，優點是價格較低廉，很適合預算較低的爸媽們。但是寶寶副食品的第一階段（4～6個月時期）若要坐這種椅子，必須將四周塞毯子或棉被，才能將寶寶固定住。

推薦 ikea餐椅

▲到各大餐廳用餐時，很常會看到ikea餐椅，便宜又好用。

可調式餐椅

可調式餐椅多半可以做3～5階段的調整，因為傾斜度的不同，所以適合孩子度過完整的餐椅時期。價位多為中價位，部分材質雖是防水布料，但是在孩子自己練習吃飯的時期，清理上會比較麻煩。

推薦 GRACO可調式餐椅

▲可調式餐椅，大約都可以調整3～5階段傾斜度。

攜帶型餐椅

攜帶型餐椅大多數是可折疊式的，大部分需要固定在有椅背的椅子上才可使用，雖然使用上較受限，但是出門也能帶著走，而且沖洗上也很容易。

推薦 費雪攜帶型餐椅、FLIPPA折疊式兒童餐椅

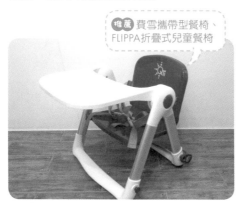

▲攜帶型餐椅能帶著走，大部分設計為折疊式的。

成長椅+餐桌

成長椅+餐桌，是餐椅的另一種使用方式，很適合習慣在餐桌吃飯的家庭，只要將成長椅推入餐桌，加個安全背帶就能從小使用到大，練習吃飯的時候再直接擺上餐墊碗盤，就十分好用了。雖然價格偏高，而且沒有單獨的餐桌（需搭配使用），不過很好清洗、用途很廣。

推薦  大將作成長椅、stock成長椅

▲這類餐椅因為是單獨椅子而已，必須再自行搭配餐桌使用。

餵食湯匙&筷子

寶寶各種不同階段，需要不同的餵食湯匙，而一歲半之後就可以開始訓練他們自行用餐，或是自己拿學習筷練習。

擠壓餵食湯匙

擠壓餵食湯匙可以先將部分的米湯或食物泥放入湯匙本身，用擠壓的方式擠出少許到湯匙前端餵食，適用在出門或副食品早期階段。

推薦 Marcus&Marcus動物樂園矽膠餵食器、Boon嬰兒擠壓式餵食湯匙

▲Marcus&Marcus動物樂園矽膠餵食器，造型非常可愛。

初階矽膠湯匙

這是最基本的入門湯匙，在孩子第一次要吃副食品的時候就能適用了，但因為湯匙前端偏小，通常只適用副食品的第一階段（4～6個月時期）。

推薦 OXO不鏽鋼軟矽膠餵食湯匙、貝親軟質安全湯匙

▲OXO矽膠湯匙因為前端小，適合4～6個月時期的寶寶。

咖啡小湯匙

喝咖啡的小湯匙，很適合用來餵食食物泥，因為湯匙面不會過大。除此之外，因為每個人家裡幾乎都有，取得方便又容易。

推薦 無特殊品牌，用自己習慣的即可。

▲喝咖啡用的小湯匙，也可以當寶寶的餵食湯匙用。

彎曲湯匙

彎曲湯匙設計來自於小孩的抓握方式，讓小孩開始自主學習吃飯使用。

推薦 德國進口學習湯匙

▲採用彎曲的設計，讓小孩抓握更方便。

不鏽鋼湯匙叉子

不鏽鋼湯匙種類太多，我要推薦2個品牌，是我從老大用到老二的EDISON叉子，因為有鉅齒狀，吃麵時可以扣住，很方便喔！另外一個是OXO的湯匙，因為圓弧度的設計較佳，所以餵食湯、稀飯等較為適合。除此之外，EDISON的湯匙也適合拿來餵食果凍、布丁類喔！

推薦 ＯＸＯ不鏽鋼湯匙叉子組、EDISON幼兒學習湯匙叉子組

▲EDISON叉子有鉅齒狀設計，吃麵時可以扣住很方便。

學習筷

學習筷是孩子學習吃飯時的常見工具，採用3個指套的握法，讓孩子抓握筷子的方式更為正確，挑選時建議選擇不鏽鋼材質的，使用起來會比較安心。

推薦 EDISON學習筷

▲學習筷有3個指套設計，能讓孩子訓練拿筷子。

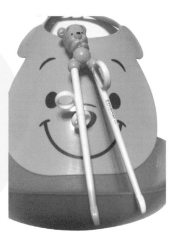

▲EDISON學習筷除了好用之外，還有很多種可愛卡通造型。

29

圍兜

寶寶在練習吃飯時，圍兜能避免食物湯汁或菜渣沾染到衣服，材質選擇上建議以好清洗、有口袋的設計為佳，或是輕便適合外出攜帶的。

軟式圍兜

扣在孩子身上最不容易受傷，而且攜帶很方便，下方有個口袋還可以接住掉下的泥狀或食物呢！

> **推薦** Brother Max三合一圍兜、Marcus&Marcus動物樂園矽膠立體圍兜、mikihouse立體防水圍兜

▲Marcus&Marcus 動物樂園矽膠立體圍兜，輕巧好攜帶。

硬式圍兜

硬式圍兜的體積偏大，但也因為偏硬所以可以接住更多湯湯水水，因此較不容易變形，但攜帶較不方便。

> **推薦** BABY BJORN防碎屑圍兜

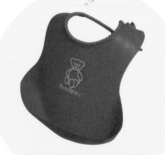

▲硬式圍兜偏硬，所以可以接住許多湯湯水水，缺點是不太好攜帶。

長袖圍兜

長袖圍兜最適合孩子剛開始學吃飯時使用，因為剛開始學吃飯的時候，很容易吃得全身都是（甚至包括袖口），因此有了長袖圍兜的輔助會比較適合。除此之外，因為長袖圍兜較長，還可以拿來當畫畫衣使用呢！

> **推薦** Mum2Mum神奇長袖吸水圍兜、Bumkins長袖防水圍兜

▲Mum2Mum神奇長袖吸水圍兜，除了吃飯可使用，寶寶學習畫畫時穿上，也較不會弄髒衣物。

碗盤&餐墊

碗盤&餐墊的選擇性非常多，我最在乎的就是材質的問題，因為是要給寶寶每天食用的工具，所以在材質的選擇上一定要特別謹慎小心，建議以不鏽鋼或有安心認證的產品為主。

不鏽鋼餐盤&碗

不鏽鋼餐盤與碗，最方便的就是可以直接進電鍋加熱（碗的部分），而且外層有塑膠套設計，這樣在餵食時也不容易燙傷，甚至還有蓋子能蓋住冰進冰箱，使用起來十分方便。

推薦 thinkbaby
無毒不鏽鋼餐具

▲thinkbaby無毒不鏽鋼餐具，除了實用度高之外，色彩鮮豔也很討喜。

餐碗

餐碗的選擇上很多，建議不要買塑膠的，因為塑膠不建議拿來裝熱食（只適合用來裝零食），因此材質選擇上，建議以不鏽鋼、矽膠或不含BPA的為主。

推薦 Brother Max輕鬆握攜帶型學習碗、Marcus&Marcus動物樂園矽膠兒童餐碗、CaliBowl專利防漏防滑碗

▲Marcus&Marcus動物樂園矽膠兒童餐碗，採用矽膠材質設計較安心。

▲Brother Max輕鬆握攜帶型學習碗，還附有感溫湯匙，遇熱38度以上會變色提醒家長。

餐墊

　　如果擔心孩子吃飯時，把桌面用的亂七八糟，可以試試可攜式的防水學習餐墊，清洗簡單又耐用，而且背後附有強力的防滑吸盤，能固定吸附於桌面。不使用的時候，還可以折疊捲曲收納，所以攜帶上也很方便喔！

推薦 Summer Infant可攜式防水學習餐墊、MesaSilla多功能塗鴉餐墊

▲Summer Infant可攜式防水學習餐墊，能固定吸附於桌面而且攜帶方便。

餐盤

　　餐盤可以讓寶寶更容易看見食物，把食物放在餐盤上，更容易提高食慾呢！市售餐盤種類很多，有的有分類格設計，可以讓食物分門別類擺放好；有的則是適合握取，讓寶寶學習自我餵食；有的則是特殊造型設計，例如小男生就會對飛機、機器人造型特別有興趣。種類非常多，挑選時的重點主要以材質為主，其他則可看家長的需求來購買。

推薦
Brother Max輕鬆握餐盤、Marcus&Marcus動物樂園矽膠兒童餐盤、Kids Funwares造型兒童餐盤組、Innobaby不鏽鋼巴士造型餐盤

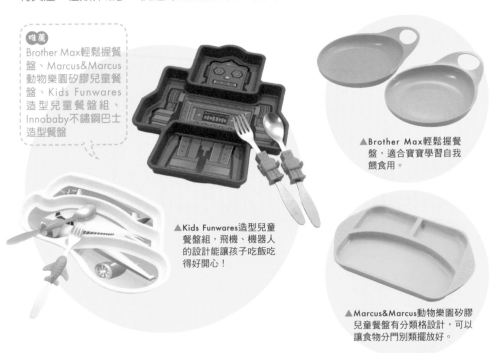

▲Brother Max輕鬆握餐盤，適合寶寶學習自我餵食用。

▲Kids Funwares造型兒童餐盤組，飛機、機器人的設計能讓孩子吃飯吃得好開心！

▲Marcus&Marcus動物樂園矽膠兒童餐盤有分類格設計，可以讓食物分門別類擺放好。

餐墊碗&盤

　　ezpz是今年才引進台灣的一款餐墊碗盤，但卻十分特別，因為它結合了餐墊跟碗、盤的設計，放置於平面上都不容易拔起（只能從四個角拔起），因此非常適合學習自己吃飯的孩子，因為不容易翻落。但是需要的面積較大，因此部分餐椅不適合使用喔！

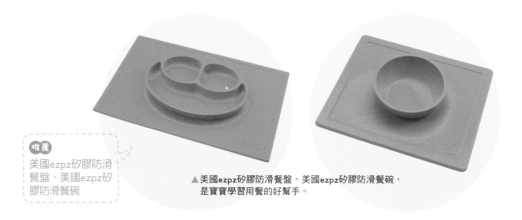

推薦
美國ezpz矽膠防滑餐盤、美國ezpz矽膠防滑餐碗

▲美國ezpz矽膠防滑餐盤、美國ezpz矽膠防滑餐碗，是寶寶學習用餐的好幫手。

包包裡必備的抗菌隨身噴霧

　　帶寶寶外出用餐時，最擔心細菌及污染問題，我會隨身攜帶「白因子隨身噴霧」在包包裡，可隨時拿來噴雙手消毒，還能消毒餐具，是很快速有效、安全環保的抗菌用品喔！

　　它的主要成分是次氯酸（HOCl），與人體中白血球胞質內抗菌成分相同，可以快速且有效的讓各種細菌病原微生物失去活性，達到完全有效地病菌清除率，而且作用後即還原為水，對人及環境皆無負擔，已經是我包包裡必備的隨身小物啦！

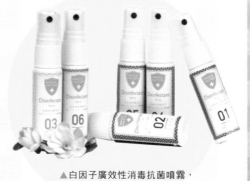

▲白因子廣效性消毒抗菌噴霧，能有效預防病毒侵襲。

PART 2

分齡照顧法，養出不挑食的健康寶寶

寶寶各月齡作息、副食品該如何添加？
如何培養寶寶良好的用餐習慣？人氣部落客來解惑，粉絲提問全破解，
你想知道的副食品Q&A全收錄！

4～6個月，寶寶開始吃副食品囉

給餐次數	每日1～2餐副食品
給餐時間	兩餐奶之間，接近午餐或晚餐
食物型態	從流質開始，漸漸到半流質狀

　　寶寶4個月以前的作息，我是採順其自然的方式，並沒有刻意去戒夜奶，0～3個月的時候，我家老大、老二都是有夜奶的，但這兩個孩子在4個月左右就忽然戒掉了。我會依寶寶的狀況，平均3～4個小時給一餐奶，這是最單純的時期，只要吃飽睡、睡飽吃即可。這個階段的寶寶，食物都是以母奶或配方奶為主，餵養方式很單純，時間到了喝奶、睡覺、洗澡即可，但是滿4個月後，可以開始嘗試奶類以外的食物，正式踏入副食品的第一階段。

育兒作息參考

　　4～6個月是副食品的第一階段，可以先從一天一餐開始，待寶寶不排斥、越吃越多的時候，就可以改為一天兩餐。給餐的時間，建議介於兩餐奶之間，選一個較為接近午餐或晚餐的時間。每次餵食約20～30分鐘，而下一餐正常給奶，至於喝多少量其實沒差，依照寶寶的需求即可，畢竟當食物泥（副食品）越吃越多的時候，是可以取代一餐奶量的。但是副食品第一階段，其實寶寶分量都吃不多，通常喝奶量幾乎是依舊，不會被副食品取代，而且睡覺時間也依舊很長。

　　底下是我的育兒作息參考，我第一次給孩子的副食品時間會在12點（兩餐奶中間），而若寶寶副食品吃的不錯，會在17：00給第二餐，給予的分量會看寶寶需求，通常會在10ml～80ml左右。

▲此階段的副食品以食物泥為主，做好冰磚取出後，要倒入夾鍊袋裡，寫上日期標示清楚。

◎作息時間參考

時間	寶寶作息
AM06：00	喝奶，親餵或瓶餵，瓶餵約給予150～180cc
AM10：00	喝奶，親餵或瓶餵，瓶餵約給予150～180cc
AM12：00	吃副食品，少量給予
PM14：00	喝奶，親餵或瓶餵，瓶餵約給予150～180cc
PM17：00	若寶寶副食品吃得不錯，可在這時間再給予少量副食品
PM18：00	喝奶，親餵或瓶餵，瓶餵約給予150～180cc
PM22：00	喝奶，親餵或瓶餵，瓶餵約給予150～180cc

※瓶餵或親餵的量，依每個寶寶的需求而不同，表格中數字僅供參考。

副食品第一階段，寶寶的飲食重點

這個階段的寶寶，吃副食品的重點是在訓練咀嚼、吞嚥能力，剛開始少量嘗試，吃了幾次後若寶寶越吃越好，就能再增加分量。餵食時可以五穀類、蔬菜類、水果類來均衡攝取，而這階段剛開始都是先以五穀類為主（米湯→米糊→十倍粥→七倍粥），無不良反應後就可以再增加一種蔬菜泥來餵食。

添加副食品的注意事項

1. 一次建議只餵食一種新的食物，由少量（一小匙=5ml）開始吃，濃度由稀漸漸變濃。

2. 吃新的食物時，要特別注意寶寶的排便、皮膚狀況，餵食3天無異狀再換新的食物。

3. 副食品要盛裝於碗或杯內，以湯匙餵食，不要用奶瓶餵。

4. 製作時要以新鮮、天然的食物為主，盡量不用調味料，因為太鹹或太甜會增加腎臟負擔。

5. 製作時要注意衛生，食材、雙手、器具都要洗乾淨。

◎4～6個月搭配食材

類別	食材	說明
五穀類	米湯、米糊、十倍粥、七倍粥	添加蔬菜泥、水果泥的時候,可以用七倍粥來搭配,例如:七倍粥+高麗菜泥。
蔬菜類	高麗菜、紅蘿蔔、綠花椰菜、白花椰菜、南瓜、青江菜、馬鈴薯、地瓜、菠菜、小松菜、地瓜葉、油菜、莧菜、大白菜、小白菜、大陸妹、空心菜、冬瓜、甜椒、洋蔥、甜菜根、番茄、筊白筍、茄子、蘆筍、黑木耳、玉米、芥菜	用攪拌器或調理機、果汁機,打成泥狀食用,一次只試一種食材。
水果類	蘋果、木瓜、香蕉、梨子、蓮霧、葡萄、酪梨、番茄	4～6個月前水果可以先蒸熟食用。使用攪拌器或調理機、果汁機,打成泥狀食用,或是用湯匙刮取果肉、磨成水果泥都可以。

從流質食物,進階到半流質食物

初期先給予十倍粥(或米湯、米糊都可以),試個3～5天後,若十倍粥吃得還不錯,就開始可以考慮添加蔬菜泥,接著再添加水果泥。主要的重點就是以稀→濃的濃稠度來給予。有些家長會想給寶寶喝果汁,這也要以稀釋過(果汁:水=1:1或1:2)的方式來給予。

舉例來說,寶寶吃十倍粥3天後,若不會過敏,就可以試看看七倍粥,並再加入一個蔬菜類來食用,每次加量可以加15ml。但要注意,每次試新食材要以一種為主,試了沒問題再把舊食材混合食用。

NOTE
● 米湯:十倍粥煮好後,最上層的湯就是米湯。
● 米糊:將十倍粥打成泥,就是米糊。

▲寶寶開始吃七倍粥後,就可以加入一個蔬菜泥來搭配食用。

食材添加說明

- 初期食用：十倍粥（15ml）
- 添加新菜：七倍粥（15ml）＋蔬菜泥A（15ml）
- 添加新菜：七倍粥（15ml）＋蔬菜泥B（15ml）
- 舊菜混合：七倍粥（15ml）＋蔬菜泥A（15ml）＋蔬菜泥B（15ml）

※若寶寶吃得還不錯，就可以把分量或種類慢慢增加。

分量不勉強，吃多吃少沒關係

　　一開始先從一小匙（5ml）給予，目的不是為了吃飽，而是在訓練寶寶咀嚼吞嚥功能，初期寶寶有吃就不錯了，不用刻意勉強吃了多少。此階段一餐約給予15～60ml，若寶寶有吃完就算很厲害了，但若寶寶不想吃也沒關係，吃多吃少都不要勉強，只要成長曲線有上升就不用特別擔心。

　　有些家長會問我，每次把湯匙放到寶寶嘴裡，寶寶就吐出來不吃，對副食品接受意願度不高怎麼辦？如果是剛開始吃副食品的寶寶，有可能是還不習慣湯匙餵食而產生的吐舌反應，家長可以把湯匙放在舌頭正中間，讓寶寶比較能順利吞嚥。甚至有時可能是因為粥類比較沒味道，所以寶寶接受度不高，所以可搭配甜甜的地瓜泥、南瓜泥給寶寶試看看，或許能提升寶寶的接受度。

　　餵食時請不要強迫寶寶，用餐不應該有壓力，要在輕鬆愉快的氣氛下進行，如果寶寶不喜歡吃，就停個3～5天再餵食看看。嘗試幾周後，若寶寶還是不接受副食品，滿6個月後可以試看看BLW（Baby Led Weaning）的方式，也就是寶寶主動式斷奶（P55說明）。

▲寶寶願意吃副食品就很棒了，不用刻意去勉強他們吃的分量，吃多少其實都沒關係。

7～9個月，煮出營養美味的副食品

給餐次數	每日1～2餐副食品
給餐時間	早餐或午餐，其中一餐副食品可取代一餐奶
食物型態	糊狀半流質，漸漸到半顆粒的固體狀

　　這個階段的副食品，主要是在讓寶寶練習用嘴巴咀嚼食物，甚至用舌頭來壓碎半顆粒的固體食物，因此食物給予的型態可以七倍粥漸漸到五倍粥，略帶有顆粒感的來嘗試。這個時候寶寶從母體中攝取的鐵質也逐漸減少，因此要盡量多補鈣、補鐵、蛋白質，所以可以吃蛋黃、開葷（吃肉）啦！此階段的副食品越來越多變化了，除了五穀根莖類之外，還要再搭配蔬菜泥、水果泥、肉泥，例如嘗試吃一些白肉魚、雞肉，或是熬煮高湯給寶寶搭配食用。

育兒作息參考

　　這個階段的寶寶，副食品的種類、分量已逐漸增加，吃副食品不錯的寶寶，差不多到8個月時，一餐都能吃到120～180ml，能取代一餐的奶量了，因此原本14：00會給的奶，我就會用副食品取代，建議先減少一餐即可，下午16：00時則看寶寶狀況，給予少量或完整一餐。1歲以前，寶寶的主食仍然是以母乳或配方乳為主，副食品只是輔助用，就算吃得少也沒有關係。

◎作息時間參考

時間	寶寶作息
AM06：00	喝奶，親餵或瓶餵，瓶餵約給予200～250cc
AM10：00	喝奶，親餵或瓶餵，瓶餵約給予200～250cc
AM12：00	吃副食品，完整一餐（約180～200ml）
PM16：00	吃副食品，依寶寶需求，少量給予或完整一餐
PM18：00	喝奶，親餵或瓶餵，瓶餵約給予200～250cc
PM22：00	喝奶，親餵或瓶餵，瓶餵約給予200～250cc

※瓶餵或親餵的量，依每個寶寶的需求而不同，表格中數字僅供參考。

副食品第二階段，寶寶的飲食重點

這個階段，副食品的分量可以漸漸將五穀類增加到80ml，而蔬菜泥增加到30ml，水果泥、肉泥可以各15ml試看看，實際的分量會依寶寶的食量來增減，主要希望各營養都能均衡攝取。

這時寶寶蛋白質、鐵質需求漸漸大增，因此食材的選擇也更多樣化了，可以先從蛋黃給予，吃過沒問題後再試白肉魚（鱈魚、鯛魚等等），然後再嘗試豆腐或雞肉，再少量來試試其他的肉類。肉類試過沒問題後，就能用蔬菜高湯、肉類高湯來煮粥給寶寶吃。

▲這個階段的寶寶飲食上可以搭配高湯，可食用的食材也更多樣化。

添加副食品的注意事項

1. 水果可以選擇容易處理、農藥污染機率較少的食材為主，例如橘子、柳丁、番茄、蘋果、香蕉、木瓜等等。

2. 此階段可以加入蛋、魚、肉，挑選時必須以新鮮為主，烹煮時一定要煮熟，才能避免感染或過敏現象。

3. 食用白肉魚的時候要注意魚刺，或是直接買生魚片來烹煮。至於雞肉、豬肉，則可以先從油花脂肪少的部位來給予。

4. 蛋黃泥可以用水煮蛋，取出蛋黃後用湯匙壓碎就是了，但此階段不建議給予蛋白，建議10個月以上再少量嘗試蛋白喔！

類別	食材	說明
五穀類	七倍粥、五倍粥、各種穀類（燕麥、蕎麥、小米等）	七倍粥、五倍粥略帶顆粒感，可以讓寶寶開始嘗試食用，訓練咀嚼能力。
蔬菜類	第一階段可食用的蔬菜類都能吃、萵苣、小黃瓜、大黃瓜、青椒、紅黃椒、芥藍菜、秋葵、毛豆、芹菜、韭菜、碗豆仁、絲瓜、苦瓜、豆腐、蓮藕、山藥、黑芝麻、白木耳、枸杞、蘑菇、香菇、金針菇、杏鮑菇	蔬菜類仍以泥狀為主，已經吃過沒問題的舊食材，可以混合搭配。
水果類	第一階段可食用的水果類都能吃、草莓、西瓜、橘子、葡萄柚、柳丁	水果類可以泥狀、果汁（水：水果＝1：1或2：1）給予，已經吃過沒問題的舊食材，可以混合搭配。
蛋肉類	蛋黃、起司、雞肝、鮭魚、白肉魚（例如鱈魚、鯛魚）、雞肉、豬肉、肝、牛肉、高湯（雞湯、魚湯、昆布湯等）	先嘗試蛋黃，沒問題後再試白肉魚，再試少量的雞肉、豬肉，最後試少量牛肉。

半流質食物，進階到軟質固體食物

　　若寶寶副食品吃得不錯，可以漸漸增加量及變化性，食材的質地也要慢慢進階到七倍粥、五倍粥等軟質的固體狀，而蔬果仍以泥狀為主，例如用五倍粥搭配蔬菜泥、水果泥，也可以加入肉泥、蛋黃泥，食材的添加要以讓寶寶均衡攝取各類營養（蛋白質、礦物質、維生素、碳水化合物）為主。

▲這個階段寶寶終於開葷了，可以先從白肉類（例如鮭魚）開始嘗試。

食材營養說明

- **五穀類：**富含醣類、蛋白質、維生素B、纖維質。
- **蔬菜類：**富含多種維生素、礦物質（例如維生素A、維生素C）、纖維質。
- **水果類：**富含多種維生素、礦物質（例如維生素A、維生素C）、水分、纖維質。
- **蛋肉類：**富含多種維生素、礦物質（例如鐵質、鈣質、維生素B、維生素A）、蛋白質、脂肪。

※一餐建議包含以上四種營養。

添加高湯，營養又美味

這個時期寶寶已嘗試過許多食材，因此可以熬肉湯、蔬菜湯來增加副食品的變化性了！為什麼要搭配高湯呢？例如我們煮七倍粥、飯、麵時，通常都是用水來煮，如果把水換成高湯，就可以再增添一些營養及味道（此時仍不需要放任何調味料，以原味為主），這樣不僅能讓副食品多了營養，也因為熬煮的高湯已帶出食材天然的鮮甜味道，用它來煮副食品能讓寶寶更有興趣嘗試，也吃得更營養。

煮好後把食材給過濾掉，就是我們要的高湯，可以放入冰磚裡，冰到冰箱冷藏備用，大約可保存兩週，而濾掉的食材，可以再煮菜給大人吃，不要浪費。

高湯烹煮說明

- **蔬菜高湯：**請以寶寶試過，不會過敏的蔬菜來熬煮，可以選擇洋蔥、番茄、玉米、蘋果等較有味道的天然食材來熬煮。
- **肉類高湯：**煮肉類高湯時，先把骨頭沖洗乾淨並汆燙後，再開始熬煮。冷水的時候就放入骨頭，煮到水滾才能將血水慢慢排出。

※高湯食譜可翻至P118

NOTE
高湯只是用來替代煮副食品時「水」的功能而已，例如用來煮麵、煮粥，或是蒸蛋。搭配高湯後，還是要吃蔬菜泥、水果泥、五穀根莖類，不是吃了高湯就不用吃這些食物泥喔！

43

10～12個月，離乳後期更要注重營養

給餐次數	每日2～3餐副食品
給餐時間	午餐、晚餐，各取代一餐奶
食物型態	固體狀食物、小丁狀為主，例如紅蘿蔔丁

這個階段寶寶可以開始用牙齒去咬食物了，以五倍粥或三倍軟飯甚至一般白飯來餵食寶寶，可以將花椰菜或紅蘿蔔切成小丁狀，而蔬菜水果仍是以泥狀來搭配。手指食物、零食點心也能少量給予，漸漸地讓寶寶開始習慣固體狀食物，因為一歲後就開始要脫離副食品階段，奶類將退居為輔食，而三餐要換成主食囉！

育兒作息參考

寶寶的食量大約已逐漸穩定，可以給予到完整兩餐的副食品，並減少掉兩餐奶了，夜奶則依孩子的狀況看是否給予，有些寶寶甚至從11～12個月開始，變成只需要早、晚喝一次奶，而副食品漸漸變成早、中、晚共三餐。

▲給予寶寶手指食物，也能訓練他們的抓握能力喔！

◎作息時間參考

時間	寶寶作息
AM06：00	喝奶，親餵或瓶餵，瓶餵約給予200～250cc
AM10：00	喝奶，親餵或瓶餵，瓶餵約給予200～250cc
AM12：00	吃副食品，完整一餐（約220～300ml）
PM17：00	吃副食品，完整一餐（約220～300ml）
PM22：00	喝奶，親餵或瓶餵，瓶餵約給予200～250cc

※瓶餵或親餵的量，依每個寶寶的需求而不同，表格中數字僅供參考。

副食品第三階段，寶寶的飲食重點

　　這個階段可以準備一些小丁狀、仍有軟度的食材，例如煮熟、煮軟的紅蘿蔔條，這樣能訓練寶寶用牙齦來壓碎食物。除了餵食寶寶之外，也可以開始漸漸讓寶寶拿餐具，訓練自行用餐，能順便訓練寶寶手眼的協調度。

添加副食品的注意事項

1. 嘗試給予小丁狀食物，目的在訓練寶寶用牙齦壓碎食物。

2. 烹調食材時，仍以清淡、原味為主，才能避免增加寶寶的身體負擔。

3. 糖果、花生、椰果仍不適合寶寶吃，請避免食用。

4. 此階段仍不宜喝鮮奶、吃蜂蜜，建議1歲1個月之後再嘗試。

◎10～12個月搭配食材

類別	食材	說明
五穀類	各種穀類（米、燕麥、蕎麥、小米等）煮成稀飯或軟飯。	開始嘗試稀飯、軟飯類這些固體食材。
蔬菜類	基本上所有蔬菜類都可食用。	可以製成泥狀，也可剁碎後食用，例如將紅蘿蔔切成小碎丁狀。
水果類	基本上所有水果類都可食用。	可以製成泥狀，或有點小顆粒狀，不用打得太細碎。
蛋肉類	第二階段可食用的蛋肉類都能吃、蛋白也可開始少量嘗試。	烹調時要注意避免魚刺、骨頭等問題，且仍以清淡為主，不要加調味料。

從軟質固體食物，到丁狀固體食物

寶寶的咀嚼吞嚥功能，已經越來越熟練囉！家長們可以自製手指食物給寶寶拿取，例如小塊雞肉、熟香蕉切片、熟紅蘿蔔條、熟地瓜條等等，但是給予時要注意，別讓寶寶嗆到囉！除此之外，有些家長會給寶寶吃糖果，這種硬、圓的食物請不要給予，因為很容易卡住喉嚨喔！

這個階段的寶寶，準備要銜接正常的三餐飲食，蔬菜水果可以打成碎丁狀，或是用一碗稀飯來搭配細碎的綜合蔬菜、細碎蛋肉等，讓寶寶攝取均衡的營養。

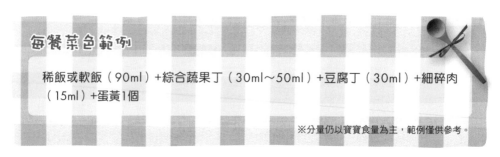

每餐菜色範例

稀飯或軟飯（90ml）+綜合蔬果丁（30ml～50ml）+豆腐丁（30ml）+細碎肉（15ml）+蛋黃1個

※分量仍以寶寶食量為主，範例僅供參考。

訓練自行餵食，寶寶吃得好開心

這個時期可以開始訓練寶寶自行餵食了，例如給予手指食物就是不錯的選擇，這類食物可以適合寶寶手抓，讓他們練習自行用餐，訓練拿取與抓握能力，通常為條狀、片狀、顆粒狀的食物（P128有食譜教學）。

但是讓寶寶自行餵食，一定要有心理準備，就是他們可能會吃得亂七八糟、地板會髒兮兮，因此我建議可以在地板鋪上野餐墊，而桌上用防滑餐墊碗、防滑餐墊，當然一個接飯的圍兜也是必備的，萬事準備齊全後就盡情讓寶寶用餐吧！

自行餵食建議工具

1. 地上鋪野餐墊，可以直接拿起沖洗很方便。
2. 使用防滑、吸盤式的餐墊，好清洗又能接住食物菜渣。
3. 給寶寶戴上一個可接飯粒與菜渣的圍兜也是必備的。
4. 防滑的餐盤、餐墊碗，可以讓後續清理更容易。

一歲後，孩子的吃飯這檔事

給餐次數	一日三餐，早餐、中餐、晚餐
給餐時間	奶類退居為輔食，副食品變成主食
食物型態	清淡為主，不要過多調味

一歲後，副食品躍升成為主食，早上可以再加個早餐，例如饅頭、麵包甚至自製蛋捲、蛋餅等，跟成人一樣，每天吃完整的三餐。但是不要以為孩子的飲食上就可以大解禁了，建議還是以清淡為主，這個時期的飲食依然要掌握幾個原則：避免過油、過甜、過鹹。我不想要他們吃到調味豐富的食物後，以後就養成重口味的習慣，所以除了考慮到鈉含量的問題，「重口味」一直是我很害怕的事。

育兒作息參考

滿一歲後，我的兩個孩子都習慣早上5～6點先起來喝一次奶（母乳），然後回睡到早上7～8點再起來吃早餐，接著便是夜晚睡前才有再喝奶。這個時候三餐是主食，而奶類退居成副食，當三餐正常吃的時候，奶類喝得多寡也不重要了，依孩子需求即可。

▲一歲後雖然寶寶的飲食大解禁，但仍要以清淡為主，若給予零食點心也盡量自製比較健康。

◎作息時間參考

時間	寶寶作息
AM05：00	喝奶，親餵或瓶餵
AM07：00	早餐時間
AM11：00	午餐時間
PM17：00	晚餐時間
PM22：00	喝奶，親餵或瓶餵

副食品階段結束，寶寶三餐飲食重點

　　一歲後，我家孩子在食物上可以說是大解禁，幾乎是跟著大人吃，頂多再備個食物剪將食材剪細碎、丁狀後，讓他們好入口。但是何謂跟著大人吃呢？並不是大人吃什麼，他通通可以吃，依然要掌握底下幾個原則喔！

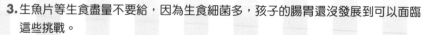

三餐飲食重點

1. 飲食仍以清淡為主，避免過油、過甜、過鹹。

2. 盡可能不給油炸物，如果萬一逼不得已外食遇到，也要把外皮通通去掉。

3. 生魚片等生食盡量不要給，因為生食細菌多，孩子的腸胃還沒發展到可以面臨這些挑戰。

4. 給孩子零食，建議以嬰兒零食為主，因為糖分、鹽分都低，不要買市售的一般零食，或者也可以自製本書所介紹的零食點心給孩子吃。

三餐正常吃，遇到外食盡量稀釋

　　外食考量到大眾口味，所以真的都不會太清淡，吃外食的時候，我都會盡可能去稀釋，例如吃拉麵，我習慣水：湯=1：1或2：1的方式稀釋來給小孩吃，畢竟那湯頭真的很濃，給孩子的話我覺得口味太重了，腸胃可能無法負擔。我家小孩也一直到2歲以後才開始喝養樂多或LP33，同樣都是以水：養樂多=1：1或2：1的方式來稀釋。

　　但是也有無法稀釋的時候，例如外食碰到肉燥飯怎麼辦？送上來的時候通常都是尚未攪拌的狀況，所以我都會盡量先挖較白的部分給小孩吃。萬一遇到真的沒辦法稀釋的外食，那就只好開放食用，因為頂多一餐而已，不是每天都這樣吃。除此之外，我並不會去禁止小孩吃零食點心，但我不會給市售的餅乾零食，而是以嬰兒零食（米餅、蔬菜餅、優格餅）為主，因為嬰兒零食比較清淡，或是自己做一些簡單的零食點心來給小孩吃。

從小就開始，培養良好吃飯習慣

良好的吃飯習慣，其實是需要從小開始培養的，很多事情是一種習慣、更是一種默契，良好吃飯習慣的養成，不管到哪都受用。你想當個追著孩子餵飯的媽媽，還是當個與孩子一起優雅用餐的媽媽？我建議要養成孩子良好用餐習慣的話，可以掌握底下幾個原則。

底下這些方法其實都是可以彈性運用，因為每個孩子的個性跟氣質也不太相同，我接受孩子說不的權利，但是也要有不浪費食物、為自己行為負責的觀念。食物是用來「吃」的，不是用來玩的，當孩子已經2歲後，吃飯時更要專心，我很不喜歡玩食物這件事，尤其是當自己是下廚者的心態來看，我用心下廚，孩子卻玩起食物，不只浪費也讓下廚者傷心呀！從孩子半知半解開始，就應該糾正玩食物的觀念，而用餐時更不能邊吃邊玩，因為吃飯是件享受的事，而不是拖時間的事！

讓孩子習慣坐在餐椅用餐

從寶寶吃第一口副食品開始，就要讓他們在固定的地點、固定的椅子上用餐，養成「吃飯就是得坐好」的習慣，不要今天抱著餵、明天在椅子上餵，後天又可能是一邊玩玩具一邊餵的情況。讓孩子固定用餐的環境跟姿勢、位置，日復一日的習慣著，也是種默契的養成，不管在家裡還是在外用餐，爸媽也會輕鬆許多。

飯前兩小時不要給零食點心

每個人的胃容量都是固定的，多塞了零食點心，就會少吃些正餐，而相較之下正餐反而比零食來得更重要。在大寶時期，我還是個上班族，因此自己做零食點心的用意，是為了讓長輩不亂餵，所以堅持自己做，但也會和長輩協調好給孩子零食點心的時間。

後來生了二寶，我變成全職媽媽，其實就比較少做零食點心，因為在副食品時期，孩子吃三餐吃得很好，我只有出外的時候為了安撫，才會準備餅乾零食給孩子吃，但一樣以少油、少鹽、少糖的原則來餵食。現在老大四歲了，有時候還等不到晚餐就肚子餓，他會喊要吃零食，這時我便會和他約法三章，條件就是一樣要吃完晚餐，否則下次便不再給予零食點心。

孩子不吃飯？用餐時間過就把食物收走

有些家長會跟我說，他們小孩吃飯吃得很慢怎麼辦？罵也罵不聽、講了也沒用，甚至有些孩子吃飯要吃個2～3小時！其實相較於從6：00餵到9：00的方式，我的作法是用餐時間一過（例如設定1個小時），就把食物收走，讓孩子試試看餓肚子的感覺（餓個一餐其實不會怎麼樣）。

當然收走食物後到下一餐前，就不再給予任何食物（包括水果），這時他們餓肚子的話，只能喝水充飢。這個目的是在讓孩子為自己的選擇負責，既然你覺得吃飽了，就不應該在下一個小時又肚子餓，畢竟你碗裡的量沒吃完。當孩子2歲之後，家長可以試看看這樣的方式，但還是要依孩子的情況來評估，如果孩子是生病或有其他原因影響胃口，就不適合用這個方法。

Q&A達人來解惑！ 副食品問題全攻破

Q 寶寶只愛吃糊狀、泥狀物怎麼辦？

A 每個寶寶在不同階段，可能都會有偏愛的食物，父母們可以試著一步步調整，例如打糊的時候可以不要打這麼稠、打這麼細，如果本來打2分鐘，可以試著打1分鐘看看，慢慢微調一下副食品的製作方式，並觀察寶寶是否接受。

Q 托嬰中心煮的副食品，都會加點鹽巴怎麼辦？

A 其實有些醫生的書裡也寫過，加少量的鹽巴也無妨，如果遇到真的不愛吃清淡口味的寶寶，為了讓他能多少吃一點副食品，加少量的鹽巴是還能被接受的。

我們自己動手製作時不加鹽巴，除了是想減少寶寶的腸胃負擔外，讓他們不要習慣重口味的飲食，也希望他們能去享受最天然的原味，而且寶寶的器官也尚未發展成熟，正常情況下還是不建議調味的。

Q 寶寶什麼時候可以從糊狀、泥狀，進階成顆粒狀？

A 其實端看寶寶的咀嚼能力、長牙狀況，以及轉變後是否能消化，我家老大當初從食物泥轉顆粒、轉粥的時候，因為我還是個上班族，所以我是請家人特別注意他的排便狀況，看看食物是否有消化，若連續一週都是排出來同形狀的食物，就代表食材可以再剪細碎一點，透過這樣的觀察來慢慢測試。

我不建議一直吃食物泥到長牙，因為寶寶不一定要長牙才能咀嚼，他們的牙齦其實是很強韌的喔！

Q 什麼時候該讓孩子，自己學習吃飯？

A 6～8個月的時候，是最想搶湯匙的階段，這時候不妨準備一隻小湯匙給孩子再餵食，效果會更佳。若仍持續還有搶湯匙的動作，其實就可以試著在給予部分餐點的時候，讓寶寶自己用餐，雖然自行用餐父母最頭痛的就是清潔問題，可能地板、桌上、衣服，甚至臉、全身都會髒ㄎㄎ，但這過渡期大約1～2個月而已，當寶寶學會自己吃飯的那時候，父母可是輕鬆不少呢！

★準備工具

地板鋪地墊，穿上長圍兜、戴上軟圍兜，桌上用餐墊餐盤或是放上桌墊，這樣層層防護下來，其實只要衣服不髒掉，其他都算好清理！

Q 吃副食品要喝水嗎？要喝多少水？

A 寶寶還沒開始吃副食品的時候，並不用給他們喝水，因為母奶、配方奶都含大量的水分。吃副食品後，就可以開始給寶寶練習喝水，我的方式是吃完副食品就拿水杯給寶寶玩，剛開始一定喝不到，單純練習喝水而已。那麼該喝多少水量呢？比較簡單的計算方式，就是你一餐餵寶寶吃多少副食品，就給到差不多的開水量。要注意的是，不是一次給足所有的水，是以少量多次、想到就給的方式，一整天下來分次補充到差不多的水量。

如果沒喝到那麼多沒關係，若是寶寶本來便便就都糊的、泥的、軟的，那就練習喝水就好，不用硬給那麼多水量，甚至只喝幾口水也沒關係。因為主食的母奶或配方奶，仍然具有大量的水分，這時候水只是讓孩子練習喝水這回事，所以一開始不一定喝得到，也不一定非得喝多少。

★範例說明

1. 若一餐副食品吃20ml，那一天下來就分次補充20cc左右的水。
2. 若一天兩餐副食品，一餐吃60ml，就喝60～80cc。

Q 手指食物、固體水果，什麼時候可以給予？

A 當寶寶表現出愛啃啃咬咬，喜歡吃手指的時候，就可以給他們了，甚至可以親身示範，教他們怎麼咬、怎麼吃，但是一定要隨時在旁邊觀察，否則怕會咬太大口，這樣很容易噎到，所以一定要特別小心喔！（當媽之後，就覺得嬰兒哈姆立克法十分重要呀！）

Q 有人說冰磚像隔夜菜，所以沒營養？

A 冰磚並沒接觸到口水，不算是隔夜菜！況且並不是每個家長都能現煮副食品，上班族父母只能一週準備一次副食品，所以使用冰磚是最簡單的方式。當然如果全職媽媽門，能每天現煮副食品，一定是最好、最營養的，每個媽媽都盡力想給孩子最好的，而職業父母使用冰磚的方式也很好，我自己兩個小孩也都是吃冰磚長大的，營養度很夠。

Q 高低敏食材要怎麼試？

A 書裡有附上高低敏食材表，但是每個寶寶對食材的狀況不同，或許高敏的某食材對我的小孩來說是屬低敏，也或許低敏的食材對你的小孩來說卻屬高敏，這都是因人而異，並不是說每個人狀況都相同。會列在低敏的食物，是普遍來說比較不容易造成過敏的食材，若寶寶是高過敏族群或家裡有過敏史，建議在試食材的時候都少量嘗試，且先從低敏食材開始試，一次只試一種，這樣比較好確認過敏源。

Q 副食品多少分量，可以減少一餐奶量？

A 當寶寶副食品一餐來到120～150ml的時候，就可以試著減少一餐奶量，再觀察副食品吃完後到下一餐喝奶時間前，有無提早討奶。若是沒有，就代表可以直接替換掉一餐囉！

Q 各月齡寶寶，副食品的建議分量？

A 其實這就跟奶量表一樣，純屬參考用，因為每個寶寶的食慾、胃口都不一樣，所以僅供參考喔！通常只要寶寶有吃飽，就算吃得少也沒關係；當然如果寶寶吃不飽，要加量也可以，所以表格會再依自己孩子的情況來做微調。

各月齡寶寶副食品分量參考

寶寶月齡	建議分量
4～6個月	一餐約15～60ml，1天1餐副食品。
6～8個月	一餐約60ml～150ml，1天1餐副食品。
8～10個月	一餐約150ml～220ml，1天2餐副食品。
10～12個月	一餐約200～280ml，1天3餐副食品。

Q 孩子吃副食品，便祕了怎麼辦？

A 一般來說，吃副食品便祕的原因，有可能是因為缺乏油脂。因為進入副食品階段，開始吃了少量的菜泥、果泥等富含纖維質的食材，這些食材停留在腸道裡又缺少油脂潤滑，就容易累積變成宿便，累積越久就越乾硬，不容易排出而造成便祕的狀況。

父母們可以在加熱好的副食品裡滴上幾滴油（酪梨油或橄欖油），因為脂溶性維生素ADEK的蔬菜，需要搭配油脂幫助吸收，剛開始可以從1滴開始讓寶寶適應，若是有便祕狀況則加個2～3滴油，這樣除了可以幫助寶寶腦部發育，也能有潤腸的效果。若是已開葷的寶寶，則可以吃一些肉類的油脂，或是雞湯、豬軟骨湯等等。

▲寶寶若是有便祕的情況，可以熬一些肉類高湯添加到副食品裡。

Q 什麼樣的食材，適合做成冰磚呢？

A 食材大致上可以分成五穀、葉菜、根莖、水果、肉類、高湯這幾類，其中水果不建議製作成冰磚，因為新鮮現切的水果營養價值會比較高，可以用小湯匙刮出水果泥搭配一些果汁餵食，這樣寶寶接受度也很高。另外要特別注意，冰磚建議保存期限是1週，最好製作後就趕快食用完畢喔！

各類食材處理方式

種類	方式
葉菜類	新鮮的蔬菜洗淨，只留葉子部分捨棄纖維粗的菜梗後，放入鍋子裡用水煮沸，再取出打成泥，倒入副食品儲存盒中，放入冰箱冷凍。
根莖類	這類食材因為比較硬，建議蒸熟去皮後，可以加一點水打成泥狀（例如紅蘿蔔泥、馬鈴薯泥），倒入副食品儲存盒中，放入冰箱冷凍。
水果類	加熱可以去除過敏原，電鍋蒸熟後加一點水打成泥，或是用小湯匙刮取食用，不建議冷凍，要以新鮮為主。
雞肉類	切小塊後，加點水打成泥狀，倒入副食品儲存盒中，放入冰箱冷凍。
魚肉類	鯛魚、鮭魚可直接買生魚片，這樣就不怕有刺，切小塊直接冰入冰箱，因為冰成冰磚解凍後怕有腥味。食用時和冰磚一起加熱，再切細碎放入食物泥裡即可。
高湯類	製作好過濾掉食材後，直接倒入副食品儲存盒中，放入冰箱冷凍。

Q 現煮派VS.冰磚派，哪種比較好？

A 食材一定是現煮比較營養，有時間的父母可以現煮，例如將紅蘿蔔、蘋果蒸熟後，再加入七倍粥一起打成泥。至於冰磚派則是給沒時間的父母使用，事先將食物攪打成泥後，倒入副食品儲存盒中，放入冰箱冷凍，每次假日事先做好一週的分量，食用時再蒸熱加熱，非常方便。沒有特別說哪一種派系比較好，端看目前哪種狀況最適合你，就用哪種方式來製作，父母只要用心製作副食品，寶寶都吃得到父母給予的愛。

Q 外出時怎麼攜帶副食品？

A 外出時怎麼攜帶副食品，是最多人詢問的問題，其實並不難，只是要準備的工具還滿多的，主要依孩子的年齡可分為3個階段。

CASE1：月齡小的寶寶（副食品初期）

4～6個月左右的寶寶，副食品一餐約只吃30～50ml的話，偶爾一餐副食品不吃也是可以的，例如假日出遊或逛街的話，並不需要特別準備，因為一歲前的主食還是奶，而副食品只是輔助用。

CASE2：可以吃完整整一餐副食品（副食品中期）

這個階段的孩子，要用餐的時間就是大人們用餐時間，我不建議吃外食，所以父母們要自己攜帶副食品外出，有以下的方法可參考，依你覺得方便的方式進行即可。

◎外出副食品準備方式

❶帶悶燒罐，裡面已悶好白米或小米粥（可以加些紅蘿蔔絲），悶燒罐煮副食品可參考P56。

❷拿出家裡的冰磚，放入保冷袋裡，周圍鋪上冰寶，到餐廳可以請工作人員加熱。

❸在家先行將冰磚加熱後，再放入保溫罐裡直接帶出。

❹準備一些白饅頭、白吐司或是水果來當寶寶的一餐。

NOTE
若是出遊比較多天，建議以1、3、4的方式相互替代使用，或是購買目前市面上有賣的寶寶粥也很方便喔！

★輕鬆把冰磚帶出門

1. 準備約10個冰寶，然後將冰磚分別取出，並且用夾鍊保鮮袋一餐餐分裝好。

2. 取一個保冷袋，將底部、周圍都鋪滿冰寶，並將放入夾鍊保鮮袋的冰磚擺入，最上面也放2～3片冰寶，這樣即可保冰至少1天喔！

CASE3：一歲後的孩子（副食品後期）

一歲後的孩子用餐，仍要以少油、少鹽、少糖為原則，一般來說若父母不特別準備外食，盡量可以先把油炒類的菜過水一下，或是點菜的時候盡可能請店家以少油、少鹽方式烹調。一般來說，我還是會準備白粥，然後點個燙青菜之類的替代一餐。

Q 寶寶不吃食物泥，一口都不吃怎麼辦？

A 有些朋友會問我，寶寶不吃食物泥怎麼辦？其實母乳寶寶他們對吃很有自主權，會決定自己要何時吃，或是該吃多少，所以會排斥吃食物泥。國外很流行另一種餵食副食品的方式，稱為Baby Led Weaning（BLW），意思就是讓寶寶享有對「吃」的自主權，副食品不需刻意打成泥狀，而是提供軟質、手指大小的食物給寶寶自己抓握進食。這派系的父母認為，寶寶其實自己可以學會吃固體食物，而不需要吃泥狀的食物，例如可以提供他們吃蒸熟的青花菜、紅蘿蔔、香蕉等蔬果，這樣還能順便訓練他們的抓握能力。

★BLW注意事項

1. 建議6個月以上，等寶寶比較可以坐直在餐椅上的時候再來嘗試。

2. 給予食材時一定要在旁觀察，小心別讓寶寶噎到。

3. 提供的食材以壓軟爛、軟泥狀的手指食物為主，例如紅蘿蔔條、香蕉塊、麵包塊等等，這樣能幫助寶寶自行進食。

Q 怎麼用悶燒罐悶副食品？

A 寶寶副食品階段，除了攪拌棒、調理機、切碎盒等等之外，悶燒罐也是不可缺少的好用工具，它是靠悶的方式去悶熟食物，所以瓶內的溫度、食材的易熟度都很重要，如果今天你選擇的是本來就不易煮熟的食材，我會建議先燙個7～8分熟再放入罐子裡，但通常我會避開這些食材，而以易熟的為主。雖然外出時用悶燒罐悶副食品，煮白粥、煮易熟品都很簡單方便，可是因為它是用悶煮的關係，所以還是有些小技巧要注意。

★悶燒罐悶副食品注意事項

1. 因為是用悶煮的方式，水分容易失去，所以通常水分會比用鍋子煮還要加得多些。

2. 熱瓶的動作十分重要，意思就是讓食材放入罐子前，罐子裡已經要有熱度。

3. 不易煮熟的食材，建議先燙個半熟再放入悶煮。

4. 水可以置換成高湯或滴雞精，但一樣要100度沸騰唷！

5. 若想放入的食材太多，也要稍微燙過後再放入罐裡，以免太多冰冷的食材，降低罐內溫度。

Q 可以分享一下悶燒罐的食譜嗎?

A 我覺得悶燒罐是很好的工具,有一陣子小孩腸胃型感冒,我一直處在換尿布跟照顧中,常常就直接早上洗了兩餐的白米,丟入悶燒罐裡悶煮,然後中午的時候倒一半出來,另一半就可以繼續保溫,兩餐下來十分方便。但是如果要變化較多的粥品、其他料理,我覺得還是不適合,若只是簡單白粥、簡易餐點的話,其實算是攜帶方便又容易。

★悶燒罐煮白粥食譜範例

1. 將悶燒罐跟白米洗淨放旁備用,再把煮沸的熱水倒入悶燒罐中。

2. 蓋上蓋子等3~4分鐘後,搖一搖再將水倒掉(熱瓶的動作)。

3. 倒入洗淨的白米,再倒入適量沸騰的水(我大約抓1:5~1:6的水分)。這樣煮個1~2次,其實就可以抓到自己想要的濃稠度,水分我通常是加5~6倍,因為我大概都會悶3~4小時左右,這樣悶出來差不多是4~5倍粥的稠度。

4. 蓋上蓋子後,再悶3~4小時即可。

番茄蔬菜燉飯

材料
白米60ml、番茄半顆、高麗菜少許、滴雞精100cc、起士片1片

作法
① 白米洗淨浸泡1個小時,番茄、高麗菜切丁備用。

② 水加熱至滾沸後,倒入悶燒罐裡,蓋上蓋子並搖晃靜置15分鐘後將水倒掉。

③ 將白米、高麗菜、番茄加入悶燒罐中,加入100cc的熱水,並攪拌食材。

④ 最後倒入滾沸的滴雞精,放入起士片,蓋上蓋子悶煮3~4個小時即可。

薑絲魚片粥

材料
白米60ml、薑絲少許、鮭魚片4~5片

作法
① 白米洗淨浸泡1個小時,放旁備用。

② 魚片放入悶燒罐內,再加入滾沸熱水倒入悶燒罐裡,然後蓋上蓋子並搖晃,靜置15分鐘後,再將水倒掉。

③ 白米、薑絲放入罐裡,再加入30cc的熱水並攪拌食材。

④ 最後倒入滾沸的300cc熱水,並蓋上蓋子悶煮3~4個小時即可。

紅豆小米粥

材料
紅豆1小碗、小米半碗、熱水150cc

作法
① 紅豆放入悶燒罐裡,並加入滾沸熱水,蓋上蓋子並搖晃後靜置30分鐘,再將水倒掉。

② 將小米也放入罐中,再加入150cc的熱水,並蓋上蓋子悶煮4~5個小時後即可。

木耳鮮菇小造型麵

材料

造型麵1小碗、小草菇2～3顆、木耳少許、高湯200cc、奶油少許

作法

❶ 小草菇、木耳切丁備用，再將高湯加熱至滾沸。

❷ 造型麵以及滾沸熱水倒入悶燒罐裡，蓋上蓋子並搖晃靜置15分鐘後再將水倒掉。

❸ 將奶油、木耳、小草菇放入悶燒罐中，加入部分高湯淹過食材，並攪拌食材。

❹ 最後倒入剩下的滾沸高湯，蓋上蓋子悶煮1個小時後即可（過半個小時可搖動一下）。

干貝小魚米粉湯

材料

米粉1小把、小魚乾少許、干貝1顆、滴雞精100cc、熱水100cc

作法

❶ 干貝切丁備用，小魚乾跟米粉放入悶燒罐裡，再將滾沸熱水倒入悶燒罐約八分滿，蓋上蓋子並搖晃靜置15分鐘後，將水倒掉。

❷ 把干貝也放入罐中，倒入100cc熱水攪拌後，再倒入滾沸的滴雞精，蓋上蓋子悶煮2個小時即可。

高湯豆豆粥

材料

白米60ml、毛豆少許、甜豆少許、蔬菜高湯300cc、紅蘿蔔少許

作法

❶ 白米洗淨浸泡1個小時，豆類、紅蘿蔔切丁（或切碎）備用。

❷ 將滾沸熱水倒入悶燒罐裡，蓋上蓋子並搖晃靜置15分鐘後，再將水倒掉。

❸ 白米、豆類、紅蘿蔔放入悶燒罐中，並攪拌一下，最後倒入滾沸的高湯，並蓋上蓋子悶煮3～4個小時即可。

芋頭肉末粥

材料

芋頭絲少許、絞肉一小球、豆腐一小塊

作法

❶ 將洗淨之白米與絞肉先放入悶燒罐中，然後倒入滾燙熱水，蓋上蓋子5分鐘後將水倒掉（重覆2次）。

❷ 放入豆腐及芋頭絲，再倒入滾燙熱水（或滴雞精、高湯）裝至七分滿，最後蓋上蓋子悶3～4小時即可食用。

黑糖薑末地瓜甜湯

材料

地瓜半條、老薑少許、黑糖少許

作法

❶ 地瓜去皮切丁、老薑磨末備用後，把地瓜放入悶燒罐中，倒入滾沸熱水約裝至八分滿。

❷ 蓋上蓋子搖晃後，靜置15分鐘將水倒掉，再放入薑末、黑糖。

❸ 最後倒入滾沸的熱水150～200cc，蓋上蓋子悶煮3個小時即可。

PART 3

營養與美味兼顧！
食物泥&飯麵主食篇

寶寶開始吃副食品囉！
除了營養美味的食物泥、飯麵主食食譜之外，
再特別收錄湯品類、高湯類食譜，讓寶寶吃得開心、營養又健康！

食物泥

寶寶在4個月的時候，就可以嘗試吃食物泥了，首先可以從十倍粥開始，吃3～5天看看有無過敏現象，若是沒有就可以再嘗試其他的食材。

添加食物泥的時候要注意，一次試一種食物泥即可，不要混合餵食。當寶寶試了之後，3～5天無不適反應，再試其他食材，之後便可以將試過的食材混合餵食了。

十倍粥

十倍粥就是米跟水採1：10的比例來烹煮，最上層的水又稱為米湯。

材料：
白米1小杯。

作法：
1. 用小藥杯或是小量匙，取白米1小杯，或用米杯裝到刻度2的位置。
2. 白米洗進後，倒入小鍋中，加入10小杯水（與步驟1同量器）。
3. 放入電鍋中，外鍋倒入1大杯水後按下開關。
4. 開關跳起後再等待5分鐘，即可起鍋。
5. 使用調理棒或調理機將其打成泥狀。

4個月以上
容易消化

小松菜泥

小松菜鈣含量是菠菜2倍以上，可有效預防骨骼疏鬆症。

材料：
小松菜適量。

作法：
❶ 將小松菜洗淨，切段備用。
❷ 用小鍋煮水，待水滾後後將小松菜丟入燙熟，撈起放涼。
❸ 將小松菜放入調理盆或是調理機裡，加入一小匙煮菜後的水。
❹ 將其打成泥狀即可。

4個月以上
鈣含量高

紅莧菜泥

紅莧菜含有豐富的營養素，所含的鐵質甚至比菠菜還多呢！

材料：
紅莧菜適量。

作法：
❶ 將紅莧菜洗淨，切段備用。
❷ 用小鍋煮水，待水滾後將紅莧菜丟入燙熟，撈起放涼。
❸ 將紅莧菜放入調理盆或是調理機裡，加入一小匙煮菜後的水。
❹ 將其打成泥狀即可。

4個月以上
鐵含量高

南瓜泥

南瓜可有效提高人體的免疫能力，製作時建議去皮去籽，比較容易消化入口。

材料：
南瓜適量。

作法：
1. 將南瓜洗淨後，切塊去籽放入盤中備用。
2. 將南瓜放入電鍋中，外鍋1杯水，按下蒸熟。
3. 將蒸熟的南瓜放涼後去皮，打成泥狀即可。

NOTE
南瓜較黏稠，加點水會比較好打，或用湯匙按壓成泥。

地瓜泥

地瓜擁有豐富的纖維質，除了有助於排便之外，還能有效預防癌症。

材料：
地瓜適量。

作法：
1. 將地瓜去皮洗淨，切塊後放入盤中備用。
2. 將地瓜放入電鍋中，外鍋1杯水，按下蒸熟。
3. 將蒸熟後的地瓜給放涼，打成泥狀即可。

NOTE
地瓜較黏稠，加點水會比較好打，或是用湯匙按壓成泥。

小白菜泥

小白菜含豐富的膳食纖維，可以幫助消化，防止大便乾燥。

材料：
小白菜適量。

作法：
❶ 將小白菜洗淨，切段備用。
❷ 用小鍋煮水，待水滾後將小白菜丟入燙熟，撈起放涼。
❸ 將小白菜放入調理盆或是調理機裡，加入一小匙煮菜後的水。
❹ 將其打成泥狀即可。

4個月以上
幫助消化

小芥菜泥

芥菜含有豐富的胡蘿蔔素、維生素B、維生素C、鐵，可以促進血液循環、消除便秘。

材料：
小芥菜適量。

作法：
❶ 將小芥菜洗淨，切段備用。
❷ 用小鍋煮水，待水滾後將小芥菜丟入燙熟，撈起放涼。
❸ 將小芥菜放入調理盆或是調理機裡，加入一小匙煮菜後的水。
❹ 將其打成泥狀即可。

4個月以上
預防便秘

洋蔥泥

4個月
以上
減輕感冒
症狀

洋蔥富含維生素C，感冒的時候喝洋蔥湯，很快就可以發汗、減緩感冒症狀喔！

材料：
洋蔥適量。

作法：
1. 將洋蔥去皮洗淨，切絲備用。
2. 放入電鍋中，外鍋半杯水蒸熟。
3. 蒸熟後的洋蔥，連同盤中的湯汁一起放涼，再將其打成泥狀即可。

NOTE
洋蔥、花椰菜、甘藍菜、大頭菜，屬於十字花科蔬菜，正在哺乳的媽咪不適合吃太多，否則容易使6個月以下喝母乳的寶寶，產生腹絞痛、潮紅、哭鬧不安等症狀。

蘋果泥

4個月
以上
增強
記憶

蘋果富含鋅，又被稱為「智慧果、記憶果」，有增強記憶力的功效。

材料：
蘋果半顆。

作法：
1. 將蘋果去皮洗淨，切塊放入盤中，放旁備用。
2. 蘋果放入電鍋中，外鍋半杯水，按下蒸熟。
3. 將蒸熟後的蘋果放涼，再加少許的水將其打成泥狀即可。

NOTE
蘋果溫熱吃可避免過敏，而且煮過後營養素仍豐富，溫熱吃較不會使小孩手腳冰冷。

花椰菜泥

4個月
以上

提升
免疫力

花椰菜維生素C含量高，有助於生長發育，還能有效預防感冒、提高身體免疫力！

材料：

花椰菜適量（白花椰菜或綠花椰菜皆可）。

作法：

❶ 將花椰菜洗淨，切段備屄。

❷ 用小鍋煮水，水滾後將花椰菜丟入燙熟，撈起放涼。

❸ 將花椰菜放入調理盆或是調理機裡，加入一小匙煮菜後的水。

❹ 將其打成泥狀即可。

> **NOTE**
> 青花菜指的是綠花椰菜、花椰菜指的是白花椰菜，這兩種花椰菜對身體健康功效很好。

♥ 紅蘿蔔泥

紅蘿蔔可促進腸胃蠕動、幫助消化，還能提高免疫力、改善貧血與眼睛疲勞等症狀。

材料：
紅蘿蔔適量。

作法：
1 將紅蘿蔔去皮洗淨，切絲備用。
2 紅蘿蔔放入電鍋中，外鍋放半杯水，按下蒸熟。
3 蒸熟後的紅蘿蔔放涼後，將其打成泥狀即可。

> **NOTE**
> 富含胡蘿蔔素的食材（紅蘿蔔、南瓜、地瓜、木瓜等等），吃多後可能會讓皮膚看起來黃黃的，這對健康並無害，建議多曬太陽將胡蘿蔔素轉成維生素A即可。

4個月以上
提升免疫力

♥ 空心菜泥

空心菜含有豐富的膳食纖維，可以促進腸胃蠕動，甚至能改善便祕、降低膽固醇。

材料：
空心菜適量。

作法：
1 將空心菜洗淨，切段備用。
2 用小鍋煮水，水滾後將空心菜丟入燙熟，撈起放涼。
3 將空心菜放入調理盆或是調理機裡，加入一小匙煮菜後的水。
4 將其打成泥狀即可。

> **NOTE**
> 腸胃功能較不好的人，若吃太多空心菜容易腹瀉，要特別注意。

4個月以上
預防便祕

馬鈴薯泥

馬鈴薯維生素C含量高，鉀含量更是香蕉的兩倍，含豐富的食物纖維能降低大腸癌罹患機率。

材料：
馬鈴薯適量。

作法：
❶ 馬鈴薯去皮洗淨，切小塊備用。
❷ 將馬鈴薯放入電鍋中，外鍋半杯水，按下蒸熟。
❸ 蒸熟後的馬鈴薯放涼，稍微加點水打成泥狀即可。

4個月
以上
抗癌
功效佳

香蕉泥

香蕉能促進腸胃蠕動，排便順暢的效果好，也含有豐富的鉀，能提高寶寶的專注力喔！

材料：
香蕉適量。

作法：
❶ 香蕉去皮切塊，備用。
❷ 香蕉放入電鍋中，外鍋半杯水，按下蒸熟。
❸ 蒸熟後的香蕉，用湯匙壓成泥狀即可食用。

NOTE
寶寶6個月內，若是食用水果，都建議蒸熟後再食用。

4個月
以上
提高
專注力

水梨泥

4個月
以上
促進腸胃
蠕動

水梨的膳食纖維是香蕉的兩倍，能促進腸胃蠕動，對身體健康很有功效。

材料：
水梨適量。

作法：
1. 水梨去皮切塊，備用。
2. 水梨放入電鍋中，外鍋半杯水，按下蒸熟。
3. 蒸熟後的水梨，用湯匙按壓成泥即可食用。

七倍粥

5個月
以上
容易
消化

七倍粥就是米跟水採1：7的比例來烹煮，和十倍粥差在水的比例不同，因此濃稠度也就不一樣。

材料：
白米1小杯。

作法：
1. 用小藥杯或是小量匙裝，取白米1小杯，或是用米杯裝到刻度2的位置。
2. 白米洗進後，倒入小鍋中，加入7小杯水（與步驟1同量器）。
3. 放入電鍋中，外鍋倒入1大杯水後按下開關，跳起後再等待5分鐘，即可起鍋。
4. 使用調理棒或調理機打成泥狀。

高麗菜泥

5個月
以上

鈣含
量高

　　高麗菜富含鈣、鐵、磷，又以鈣的
含量最為豐富，可以促進新陳代謝。

材料：
高麗菜適量。

作法：

❶ 將高麗菜洗淨，切段備用。

❷ 用小鍋煮水，待水滾後將高麗菜丟入燙熟
　撈起放涼。

❸ 將高麗菜放入調理盆或是調理機裡，加入
　一小匙煮菜後的水。

❹ 將其打成泥狀即可。

甜椒泥

5個月以上 增強抵抗力

　　甜椒富含維他命C，具有抗氧化力、抗癌物質，能增強抵抗力、刺激腦細胞新陳代謝。

材料：
甜椒適量。

作法：
❶ 甜椒洗淨，切塊放盤中備用。
❷ 甜椒放入電鍋中，外鍋1杯水，按下蒸熟。
❸ 將蒸熟後的甜椒，放涼後打成泥狀即可。

小黃瓜泥

5個月以上 降低膽固醇

　　小黃瓜中的纖維素，能增強排泄功能，還可以降低膽固醇。

材料：
小黃瓜適量。

作法：
❶ 將小黃瓜洗淨，去雙蒂頭，切成小片狀，放旁備用。
❷ 用小鍋煮水，待水滾後將小黃瓜片丟入燙熟，撈起放涼。
❸ 將小黃瓜放入調理盆或是調理機裡，加入一小匙煮菜後的水。
❹ 將其打成泥狀即可。

五倍粥

五倍粥和七倍粥的作法一樣，差別是米跟水採1：5的比例來烹煮。

材料：
白米1小杯。

作法：

❶ 用小藥杯或是小量匙，取白米1小杯的量，或用米杯裝到刻度2的位置。
❷ 白米洗進後，倒入小鍋中，加入5小杯水（與步驟1同量器）。
❸ 放入電鍋中，外鍋倒入1大杯水後按下開關。
❹ 跳起後再等待5分鐘，即可起鍋。
❺ 最後使用調理棒或調理機，將其打成泥狀。

6個月以上
容易消化

黑木耳泥

黑木耳的鐵含量是菠菜的20多倍，可以說是所有食物中最高的，營養功效非常多！

材料：
黑木耳適量。

作法：

❶ 黑木耳洗淨切絲備用。
❷ 將黑木耳放入電鍋中，外鍋半杯水，按下蒸熟。
❸ 最後將蒸熟後的黑木耳放涼，打成泥狀即可。

6個月以上
鐵含量高

芹菜泥

芹菜含有許多維生素、礦物質、膳食纖維，能促進腸胃蠕動、預防便祕。

材料：
芹菜適量。

作法：
1. 將芹菜洗淨，切段備用。
2. 用小鍋煮水，待水滾後，將芹菜丟入燙熟，撈起放涼。
3. 將芹菜放入調理盆或是調理機裡，加入一小匙煮菜後的水。
4. 將其打成泥狀即可。

白蘿蔔泥

白蘿蔔含有豐富的維生素C、膳食纖維，維生素C可增強人體免疫功能。

材料：
白蘿蔔適量。

作法：
1. 將白蘿蔔去皮洗淨，切塊放入盤中備用。
2. 白蘿蔔放入電鍋中，外鍋1杯水，按下蒸熟。
3. 將蒸熟後的白蘿蔔放涼，打成泥狀即可。

木瓜泥

6個月
以上
幫助
消化

　　木瓜含有木瓜酵素，能使蛋白質與脂肪易於消化吸收，還富含維生素C、胡蘿蔔素等營養。

材料：
木瓜適量。

作法：
❶ 將木瓜對切去籽。
❷ 直接用小湯匙刮泥食用。

蛋黃泥

7個月
以上
富含
DHA

　　雞蛋含有豐富的DHA、卵磷脂，其蛋黃可以說是雞蛋裡的精華，營養成分比蛋白高很多。

材料：
蛋一顆。

作法：
❶ 取一顆蛋，放於蒸架上（或是一個小碗，碗底平舖沾溼的紙巾）。
❷ 將蒸架或碗放入電鍋裡，外鍋倒入半杯水，按下蒸熟即可。
❸ 將蒸熟雞蛋去殼、去蛋白後，只取蛋黃，將蛋黃用湯匙壓碎即可。

NOTE
煮一鍋水把蛋煮熟也可以，但用電鍋來煮比較方便。除此之外，使用Babymoov調理機也能快速蒸煮食物，只要放入350ml的水，設定15分鐘，即可蒸出全熟的白煮蛋，最多可以蒸8顆蛋喔！

雞肉泥

7個月以上 富含蛋白質

雞肉富含優質蛋白質,能增強體力、強健身體。其中又以雞胸肉富含的維生素B最高。

材料:

雞肉適量。

作法:

1. 將去骨雞胸肉切丁,取部分備用。
2. 雞胸肉丁放入電鍋中,外鍋1杯水,按下後等待跳起。
3. 將蒸熟後的雞胸肉,加少許水打成泥狀即可。

昆布海帶泥

8個月
以上
排除
毒素

昆布海帶含有豐富的鈣，甚至能有效阻止人體吸收鉛、鎘等重金屬，幫助身體排除毒素。

材料：
昆布海帶適量。

作法：
❶ 將昆布海帶洗淨備用。
❷ 用小鍋煮水，水滾後將昆布丟入燙約3分鐘，撈起放涼。
❸ 把汆燙後的昆布水倒入一些，打成泥狀即可。

NOTE
乾燥的昆布要先泡水，使其變軟膨脹。

山藥泥

8個月
以上
改善
久咳

山藥的營養含量很多，能促進血液循環，甚至還能改善久咳等症狀。

材料：
山藥適量。

作法：
❶ 將山藥去皮洗淨，切塊放入碗中，再加點水蓋過山藥。
❷ 放入電鍋中，外鍋半杯水，按下開關來蒸熟。
❸ 蒸熟後的山藥放涼，將其打成泥狀，或是用湯匙壓成泥也可以。

NOTE
山藥較黏稠，攪拌時建議加點水才會比較好打。削皮後的山藥很容易氧化，削完皮後迅速放入鹽水中，就能避免氧化的情形。

毛豆泥

8個月以上　促進大腦發育

　　毛豆含有「卵磷脂」，是促進大腦發育，不可缺少的營養素之一喔！

材料：
毛豆適量。

作法：
1. 將毛豆洗淨備用。
2. 把毛豆放入電鍋中，外鍋1杯水，按下蒸熟。
3. 蒸熟後的毛豆放涼後，將其打成泥狀即可。

香菇泥

9個月以上　促進鈣吸收

　　香菇含有多種酵素及營養素，能幫助人體消化、促進血液循環，還可以有效促進鈣質的吸收喔！

材料：
香菇適量。

作法：
1. 香菇去蒂頭後，洗淨切片備用。
2. 香菇放入碗中，再放入電鍋裡，外鍋半杯水，按下蒸熟。
3. 將蒸熟後的香菇放涼，將其打成泥狀即可。

飯麵主食

　　4～6個月算是寶寶副食品的第一階段，主要以食物泥為主，到了7～9個月開始，算是副食品的第二階段。這個階段食用的副食品，建議要包含各種營養（奶、蛋、魚、豆、肉等等），因此本篇設計了「飯麵主食」的食譜，除了麵、粥、飯之外，還有寶寶碗粿、芋頭糕等等，讓家長們在製作時可以有更多的選擇。

NOTE
1歲前的寶寶在食用副食品時，食材建議還是要切細碎或是攪打成泥，使用攪拌棒、果汁機、調理機都可以。煮好的食材也要用食物剪，將食材剪碎再入口喔！

海鮮雞肉粥

7個月以上　增強體力

　　干貝的口感鮮甜，而且營養豐富，甚至有增強體力的功效。

材料：
干貝4個（或大干貝1個）、雞腿半隻、白飯或隔夜飯1碗、芹菜3根（切碎）。

作法：
❶ 雞腿肉用刀背刮取成為肉末（或是切細碎）。
❷ 煮一小鍋水來煮干貝後，加入白飯攪拌。
❸ 加入雞腿肉繼續攪拌後，最後加入碎芹菜攪拌。
❹ 煮滾後即可關火。

★Babymoov作法
❶ 將雞腿肉用刀背刮取成為肉末（或是切細碎）。
❷ 取少許白飯放入Babymoov容器中，並加入3倍的水。
❸ 放入雞腿肉、干貝攪拌，然後蒸煮10分鐘。
❹ 最後灑上一些碎芹菜，再蒸煮1分鐘即可。

山藥紫米粥

紫米富含蛋白質、鐵質，但是容易脹氣的人不能攝取過量。

材料：

山藥少許、紫米飯1碗。

作法：

❶ 山藥削皮切丁後，切成細碎。

❷ 取小鍋子來煮水，並加入紫米飯攪拌一下。

❸ 最後加入山藥繼續攪拌，煮滾後即可關火。

蘿蔔糕

白蘿蔔有豐富的維生素，可加強免疫功能，還有幫助消化的功效。

材料：

在來米粉270g、熱水600cc、開水600cc、白蘿蔔500g。

作法：

❶ 白蘿蔔刨成絲，加入滾沸熱水中。

❷ 將在來米粉、開水混合攪拌均勻，使其成為粉漿。

❸ 把粉漿倒入步驟1，並放入小鍋子後，將小鍋子放入電鍋，用隔水或蒸籠蒸約1小時。

❹ 蘿蔔糕熟成後，需放涼再切片。

三色滑蛋粥

7個月以上
營養均衡

　7、8個月的寶寶就可以開始嘗試吃蛋黃，而蛋白較易過敏，建議10個月後再食用。

材料：

白飯1碗、紅蘿蔔少許（切碎）、青花菜3朵（切碎）、香菇3朵（切碎）、蛋黃1顆。

作法：

❶ 煮一小鍋水，加入白飯攪拌後，依序將紅蘿蔔、香菇、青花菜放入攪拌。

❷ 加入蛋黃繼續攪拌，煮滾後即可關火。

鮮蔬麵疙瘩

7個月以上
鐵含量高

菠菜的維生素含量很高,而且富含鐵質、葉酸、鈣質,能預防小孩神經系統方面的疾病。

材料:

中筋麵粉100g、菠菜1小把、水20cc、太白粉2g、雞蛋1個、滴雞精1包。

作法:

1. 將麵粉、水、太白粉、雞蛋,混入蛋盆攪拌均勻,慢慢攪拌使其成為麵糊。
2. 菠菜切細碎並加入麵糊裡,蓋上保鮮膜放入冰箱約半小時。
3. 煮一鍋熱水,倒入1包滴雞精,將麵糊用小湯匙舀小塊狀,放入水裡煮熟即可。

NOTE
舀麵糊前可先將湯匙沾一下熱水再舀,能防止麵糊黏在湯匙上。

80

嬰幼兒餛飩

8個月以上
營養豐富

嬰幼兒餛飩可以在煮麵條時加入，也可以單吃，1歲以內的寶寶可用湯匙切小塊來食用。

材料：
洋蔥半顆、玉米粒1罐、紅蘿蔔2根、豬絞肉1盒、餛飩皮1包。

作法：
❶ 將洋蔥、玉米粒、紅蘿蔔、絞肉，全部切細碎或用攪拌機打碎。
❷ 混合攪拌後，把湯汁擠出倒掉。
❸ 蓋上保鮮膜放入冰箱冷藏約半天，再次瀝掉食材湯汁（因為太溼會不好包）。
❹ 用餛飩皮包餛飩，包完後放冰箱冷凍，要煮的時候再取出。

蔬菜字母麵

8個月以上
富含纖維質

高麗菜的纖維質含量多，可以預防便祕，讓寶寶排便更順暢。

材料：
字母麵少許、高麗菜5片、洋蔥少許、花椰菜2朵、高湯（或滴雞精）150cc。

作法：
❶ 將高麗菜、洋蔥、花椰菜切細碎，放旁備用。
❷ 用鍋子煮高湯（或滴雞精），並加入高麗菜、洋蔥攪拌。
❸ 繼續加入花椰菜攪拌，最後加入字母麵，煮熟即可。

番茄豆腐麵

8個月
以上
酸甜
開胃

在煮麵或食材的時候，可以加入自製的高湯，讓寶寶吃得營養又健康。

材料：
牛番茄1顆、豆腐半盒、小白菜3片、蔥花1把、麵條少許。

作法：
1. 將牛番茄去皮切丁、豆腐壓碎或切小塊狀。
2. 用小鍋子煮水或高湯，將番茄放入煮滾5分鐘。
3. 繼續放入豆腐、麵條，起鍋前3分鐘再放入小白菜、蔥花即可。

雞蓉玉米粥

8個月
以上
預防
便祕

雞胸肉少油易消化，但對寶寶來說不容易咀嚼，可以先用調理機打成肉泥或手動刮成肉末。

材料：
生玉米1根、雞胸肉半塊、白飯或隔夜飯1碗。

作法：
1. 將雞胸肉用刀背刮取，或用調理機攪打，使其成為肉末。
2. 生玉米用熱水燙熟，取下玉米粒放旁備用。
3. 用小鍋子煮水，加入白飯、雞胸肉末，最後加入玉米粒，煮滾後即可起鍋。

番茄菇菇麵

8個月以上
營養豐富

番茄不僅開胃，而且富含多種營養素，是對人體健康很好的食材。

材料：

牛番茄1顆、時蔬（蘑菇、金針菇、杏鮑菇、香菇）少許、蔥花1小把、麵條少許。

作法：

❶ 將牛番茄去皮切丁、各菇類切丁。

❷ 煮一小鍋水或高湯，加入牛番茄熬煮後，再加入麵條煮至半熟。

❸ 繼續加入菇類煮熟，最後加入蔥花即可關火，最後用食物剪將食材剪細碎後，即可食用。

南瓜雞肉粥

挑選雞肉的時候要找有產銷履歷或CAS標誌，趁新鮮趕快烹煮才不易腐敗。

材料：
南瓜1小塊、雞腿半隻、白飯或隔夜飯1碗。

作法：
1. 將雞腿肉用刀背刮取成為肉末，或是切細碎。
2. 南瓜去皮切丁成小塊後，用一小鍋水煮南瓜，半熟後倒入雞肉末。
3. 最後加入白飯，繼續滾過即可起鍋食用。

芹菜豆腐粥

芹菜含有許多人體不可缺少的膳食纖維，很適合將其切成細末，於煮粥時灑上來吃。

材料：
芹菜3根、豆腐半盒、白飯或是隔夜飯1碗。

作法：
1. 將芹菜切細碎，豆腐切成四等分。
2. 用小鍋子煮水後，加入白飯並加入豆腐攪拌，可以一邊攪拌一邊壓碎豆腐。
3. 最後加入芹菜繼續攪拌，即可起鍋食用。

番茄小米粥

8個月以上

富含
茄紅素

小米的米粒小所以容易烹煮，而且屬於低敏食材，富含豐富的營養，很適合寶寶食用。

材料
牛番茄1顆、小米1小碗、滴雞精半包。

1 番茄燙過去皮，打成泥或切細碎。

2 將2碗水、番茄、小米、滴雞精倒入混合一起，放入電鍋。

3 外鍋用1杯水，內鍋加蓋後按下電鍋，跳起後即完成。

南瓜碗粿

8個月
以上

富含胡
蘿蔔素

南瓜是營養豐富的食材，因為其低
敏的特性，所以很常被用來製作寶寶副
食品。

在來米粉2碗（約八分滿）、滾水2碗（先量
好2碗的量，再放入煮滾）、南瓜半顆。

作法

1 南瓜用電鍋蒸熟後，去皮去籽放入攪拌機
打成南瓜泥，可加點水（約兩碗量）。

2 取兩碗約八分滿的在來米粉，並倒入攪拌
盆裡後，分次慢慢將滾水加入，一邊加一
邊攪拌。

3 分次倒入南瓜泥，邊加入邊攪拌，最後放
入玻璃碗，再放入電鍋蒸（約1～2杯水蒸
即可），蒸完後放涼便會凝固。

香菇肉末粥

挑選香菇時，建議以新鮮香菇為主，這樣寶寶比較好咬食。

材料：
白飯1碗、香菇4朵、豬絞肉少許。

作法：
❶ 煮一小鍋水，加入白飯攪拌。
❷ 將豬絞肉加入繼續攪拌，最後加入切碎的香菇丁。
❸ 煮滾後關火即可。

8個月以上
促進血液循環

鮮蔬雞絲炒麵

9個月以上
蛋白質豐富

這是加入許多蔬菜的營養炒麵，1歲以上的孩子食用時，可以加點低鹽醬油來提味。

材料：
蔬菜（紅蘿蔔、高麗菜、洋蔥、香菇）少許、絞肉1小球、麵條少許、蔥花、酪梨油少許。

作法：
❶ 紅蘿蔔、高麗菜、洋蔥、香菇切細碎後，將麵條燙軟至7分熟。
❷ 取平底鍋熱鍋，倒入少許酪梨油，放入絞肉炒至3分熟。
❸ 紅蘿蔔、高麗菜、洋蔥、香菇放入，炒2～3分鐘。
❹ 放入麵條，用大火快炒約2分鐘至全熟即可。

魚肉滑蛋粥

9個月以上
富含DHA

鱈魚雖然是白肉，但是容易導致過敏，寶寶食用魚肉時建議先以無刺鯛魚來嘗試。

材料：
魚肉片少許、空心菜1小把、白飯或隔夜飯1碗、蛋黃1顆。

作法：
1. 空心菜切細碎，魚肉先燙過，然後將煮熟的魚肉打成泥或切碎。
2. 用小鍋子煮水，加入白飯，再放入魚肉片泥、空心菜，煮滾並攪拌。
3. 最後加入蛋黃，稍微攪拌一下即可起鍋。

豬肉滑蛋粥

9個月以上
富含蛋白質

寶寶9個月大開始，吃了雞肉無不良反應後，就可嘗試豬肉。

材料：
白飯1碗、蛋黃1顆、豬絞肉少許、青蔥1根。

作法：
1. 用小鍋子煮水，並加入白飯攪拌。
2. 依序放入豬絞肉、蛋黃攪拌。
3. 最後放入切碎的青蔥，即可關火起鍋了。

昆布魚肉粥

9個月以上
富含DHA

　　白肉魚（鯛魚、鱸魚等等）比較不易導致過敏，寶寶嘗試副食品時可以白肉魚為主。

材料：
魚肉片少許、昆布2片、白飯或隔夜飯1碗。

作法：
① 先將昆布泡水、魚肉燙過。
② 將煮熟的魚肉打成泥或切碎。
③ 用小鍋水來煮昆布，煮滾2次後加入白飯。
④ 最後加入已先燙過的魚肉片，繼續煮滾即可起鍋。

89

雞高湯麵線

9個月
以上
蛋白質
豐富

用滴雞精來製作高湯，並放入麵線、蔬菜，簡單的步驟就能做出營養餐點喔！

材料：
滴精雞1包、低納麵線適量、小白菜約3片。

作法：
1. 將滴雞精與水1：1混合。
2. 把麵線放入煮熟，再放入小白菜煮2分鐘即可起鍋。
3. 將麵線切小段即可食用。

黃瓜鑲軟飯

9個月
以上
增強免
疫力

大黃瓜含有維生素、膳食纖維等營養素，有促進新陳代謝、增加免疫力的功效。

材料：
大黃瓜1條、絞肉少許、香菇1朵、蔥1根、黃椒半顆、白米1杯。

作法：
1. 白米洗淨之後，浸泡2～3個小時以上。
2. 將香菇、蔥、黃椒切丁備用。大黃瓜去皮後，以橫面分切成4～5個圓圈狀。
3. 白米、香菇、蔥、黃椒與香油混合拌勻。
4. 將大黃瓜圈放入容器後，把步驟3塞入約7分滿。
5. 電鍋外鍋放1杯水後按下，待跳起後再放半杯水再按一次，兩次跳起後再悶5～10分鐘，食用前用湯匙或食物剪，將食材切小塊再食用。

南瓜米苔目

9個月以上 營養豐富

南瓜富含天然的胡蘿蔔素、蛋白質、維生C，豐富的營養是製作寶寶副食品常見的食材。

材料：

白飯1碗、中筋麵粉20g、蓮藕粉20g、南瓜100g、雞腿肉少許（切丁）、蔥少許、高麗菜少許（切碎）、高湯300cc。

作法：

❶ 南瓜去皮、去籽後，放入調理機打碎成泥狀，拌入麵粉、蓮藕粉。

❷ 加入20cc熱水，全部混合攪拌均勻，使其成為南瓜米糰。

❸ 將南瓜米糰放入塑膠袋內，塑膠袋尾端剪一小角。

❹ 取一小鍋，將高湯、高麗菜碎、肉丁放入烹煮，再擠入一條條的米糰，煮熟即可。

地瓜鮮蔬炊飯

10個月
以上
排便
順暢

　地瓜是天然的抗癌聖品，富含膳食纖維，能促進腸胃蠕動、有助於排便順暢。

材料：

香菇1朵、地瓜半條、紅蘿蔔1/3根、高麗菜4片、雞腿肉半塊、白米半杯、滴雞精半包。

作法：

❶ 雞腿肉去皮、燙掉血水後，切丁備用。地瓜、香菇、紅蘿蔔切丁或切絲備用。

❷ 將白米洗淨後，放入小鍋子或容器內，再倒入半杯水、將雞肉、蔬菜鋪在白米上，而未解凍的滴雞精放入肉跟蔬菜的上層。

❸ 電鍋外鍋放入1杯水，按下後等跳起再悶5分鐘即可。

香菇雞絲軟飯

10個月
以上
富含
蛋白質

　雞肉含有豐富的蛋白質，營養功效很好，挑選時要以新鮮或有CAS優良標誌者為首選。

材料：

香菇2小朵、雞腿肉少許、紅蘿蔔1/3根、白米跟水（高湯或滴雞精）比例為1：3。

作法：

❶ 香菇切絲或切丁，雞腿肉、紅蘿蔔切丁備用。

❷ 所有材料放入鍋內，依序為食材、白米、高湯。

❸ 電鍋外鍋放入1杯水，按下開關，待開關跳起後再悶5分鐘即可。

NOTE
若是習慣用電子鍋的人，用一般煮飯的方式來煮即可。

Q軟肉圓

10個月以上

促進消化

西谷米主要成分為澱粉，很常用來製作飲品與點心，用它做肉圓，吃起來的口感比較Q軟喔！

材料：

酪梨油（或橄欖油）10cc、香菇3朵、紅蘿蔔少許、玉米半根（取玉米粒）、絞肉1盒、西谷米160g。

NOTE

用西谷米製作的肉圓比較Q軟，所以適合寶寶食用，基本上10個月以上、有長牙的寶寶即可食用。

作法：

❶ 香菇、玉米、洋蔥、絞肉，放入攪拌機或調理機切成細碎。

❷ 用2杯水浸泡西谷米半小時，加入酪梨油（或橄欖油），放進攪拌機打成麵糊。

❸ 取小碗將麵糊倒入一半後，放入步驟1的內餡，再將麵糊倒至8分滿，蓋住肉餡。

❹ 放入電鍋或是蒸籠蒸20分即可。

南瓜鮮蔬燉飯

11個月
以上
預防
便祕

　　高麗菜有助於預防便祕，而南瓜富含蛋白質及各種營養素，這兩種食材都很營養。

材料：

南瓜少許、毛豆少許、高麗菜少許、洋蔥少許、白米跟水（或高湯）比例為1：1.5。

作法：

❶ 將南瓜去皮切丁，毛豆、高麗菜、洋蔥用攪拌機打細碎，放旁備用。

❷ 取一鍋子放入酪梨油或橄欖油，將洋蔥、南瓜放入拌炒，再加入其他食材拌炒。

❸ 加入白米以中火炒到泛黃，再加入水或高湯，煮滾後轉小火悶煮15分鐘。

NOTE
步驟3煮滾後還是要繼續拌炒，才不會變鍋巴喔！除此之外，要特別注意南瓜勿過量食用，否則寶寶皮膚會變黃。

山藥雞肉餡餅

11個月
以上
改善
久咳

　　山藥具有促進血液循環的功能，還能改善久咳、肺虛等症狀。

材料：
橄欖油少許、雞腿肉丁少許、山藥1小節、玉米1根（取玉米粒）、麵粉60g、酵母粉3g、水20cc。

作法：
① 麵粉、酵母粉加入水，拌揉均勻使其成為麵糰。
② 將麵糰放入碗裡，碗底抹些橄欖油後，用溼布覆蓋靜置45分鐘。
③ 山藥去皮切小塊後，與玉米粒、雞腿肉丁拌炒。
④ 取出發酵完的麵糰，切小塊揉圓並桿成麵皮，舖上步驟3的餡料，從圓邊開始收合封口包起。
⑤ 取平底鍋倒油，熱鍋後將餡餅放入，用小火乾煎至金黃色即可。

簡易乾拌麵

1歲
以上
營養
豐富

　　酪梨油內含豐富礦物質、維生素，耐高溫且不起油煙，是製作副食品的好幫手。

材料：
酪梨油（或橄欖油）少許、青江菜少許、小白菜少許、香菇2小朵（切丁）、低鹽醬油少許、麵條少許。

作法：
① 用小鍋子煮水，把麵、香菇放入燙熟，麵快熟前加入青江菜及小白菜，燙熟後一同撈起。
② 取一小碗，倒入少許酪梨油跟低鹽醬油，攪拌均勻。
③ 將香菇、麵、小白菜、青江菜撈起放入碗裡，與步驟2的醬汁混合拌勻即可。
④ 食用前用湯匙或食物剪，將麵條切小段再食用。

蔥香蛋花湯麵

1歲以上
富含蛋白質

　　烹煮副食品若需調味時，建議都以低鹽醬油，才不會造成寶寶身體負擔。

材料：
酪梨油（橄欖油少許）、低鹽醬油少許、小白菜少許、雞蛋1顆、麵條少許、蔥花1把。

作法：
❶ 將酪梨油跟蔥花炒香後，加入高湯或適量的水。
❷ 加入麵條煮至7分熟後，放入低鹽醬油、小白菜，並打入1顆散蛋。
❸ 最後加入蔥花即可起鍋。

NOTE
食用前可以用湯匙或食物剪，將麵條切小段再食用。

絲瓜蛤蠣麵線

1歲以上
富含維他命C

　　絲瓜富含維生素C，是天然美容食材，可以搭配P120的自製昆布高湯來煮，很對味喔！

材料：
麵條適量、蛤蠣少許、絲瓜1/4條、薑絲少許。

作法：
❶ 將絲瓜切小塊。
❷ 煮一小鍋的水（或用昆布高湯取代），加入絲瓜攪拌。
❸ 將麵條加入，煮至7分熟再加入蛤蠣，煮到麵條熟、蛤蠣開了即可。

NOTE
食用前可以用湯匙或食物剪，將麵條切小段再食用。

番茄起司焗麵

1歲以上 酸甜開胃

1歲以後寶寶餐點的選擇也更多變化，加入起司、番茄的焗麵，營養更豐富、更好吃。

材料：

牛番茄1顆（切丁）、北海道起司片2片、絞肉少許、蒜少許、造型麵適量、鮮奶適量、酪梨油（或橄欖油）少許。

1. 取一平底鍋或鑄鐵鍋，以酪梨油熱鍋並加入蒜、牛番茄丁拌炒，然後加入絞肉或其他鮮蔬、造型麵拌炒。

2. 加入少量水、鮮奶，煮3分鐘後，將火轉小再煮3分鐘。

3. 最後加入起司，鑄鐵鍋可以直接關火，蓋上蓋悶5～10分鐘。

4. 若為平底鍋，加入起司後用小火再煮2分鐘，蓋上鍋蓋悶3分鐘即可。

海鮮湯麵

洋蔥具有治療感冒、促進血液循環的功效，對健康的好處多多喔！

材料：

洋蔥半顆、紅蘿蔔1/4根、蝦仁6隻、麵條適量、肉絲少許、蒜片3片、魚片5片、干貝1顆。

作法：

❶ 將干貝、蒜片，放入高湯或滴雞精熬煮。

❷ 放入洋蔥、魚片、肉絲後，再放入麵條煮至熟透即可關火。

白醬義大利麵

小汽車麵的體積小，約煮4～5分鐘就熟了，所以不需另外事先煮，照步驟烹煮即可。

材料：

小汽車麵1小碗、鮮奶500g、蛤蠣少許、青花菜5朵、紅蘿蔔絲少許、橄欖油20g、蒜泥少許、起司絲少許。

作法：

❶ 鮮奶、橄欖油、起司絲，用果汁機先打均勻。

❷ 熱鍋後，倒入少許酪梨油，拌炒蒜泥並將紅蘿蔔絲、青花菜放入。

❸ 加入1小碗水，放入麵煮約2分鐘，再加入蛤蠣、步驟1的白醬。

❹ 開中小火，讓湯汁收至半乾即可。

雞肉味噌拉麵

1歲以上

富含蛋白質

　　烹煮的時候，可以視個人喜好加點食蔬進來，增加料理的豐富口感。

材料：

有機細味噌少許、去骨雞腿排適量、蛋1顆、拉麵少許。

作法：

❶ 將拉麵放入湯鍋煮至8分熟，撈起後放旁備用。

❷ 用高湯或是水來煮雞肉至滾開，放入味噌並攪拌均勻，打入1顆蛋。

❸ 加入燙8分熟的拉麵，煮熟即可。

NOTE
食用時再用食物剪將肉片、麵條剪細碎。

營養海鮮粥

寶寶在食用魚肉時要特別小心魚刺，建議買無刺的魚肉片來烹煮。

材料：

白飯1碗、魚肉片1片、豬絞肉少許、芹菜1根（切碎）、蝦仁少許、蛤蠣約4顆。

作法：

1. 蝦仁先去除腸泥，魚肉微燙後切成細碎。
2. 煮一小鍋的水，加入白飯攪拌，接著放入魚肉、豬肉、蝦仁、蛤蠣繼續攪拌。
3. 最後加入切碎的芹菜，即可關火。

番茄海鮮炊飯

這個料理中白米與水的比例為1：3，也可以將水換成高湯或滴雞精更營養。

材料：

牛番茄1顆、蛤蠣少許、紅蘿蔔1/3根、干貝1顆、蝦仁4隻、白米跟水（高湯或滴雞精）比例為1：3。

作法：

1. 將牛番茄去皮切丁，紅蘿蔔、干貝、蝦仁切丁備用。
2. 所有材料放入鍋內，依序為食材、白米、高湯。
3. 電鍋外鍋放入1杯水，按下跳起後再悶5分鐘即可。

NOTE
若是用電子鍋的人，用一般煮飯的方式來煮即可。

蝦仁豆腐粥

1歲
以上
富含
蛋白質

蝦子算是比較高敏的食材，因此建議1歲以上的寶寶再食用。

材料：

蝦仁4隻、豆腐半盒、白飯或隔夜飯1碗、青蔥1根。

作法：

❶ 將蝦仁去腸泥，豆腐切成4等分。

❷ 煮一小鍋水，加入白飯攪拌，再加入蝦仁繼續攪拌。

❸ 接著放入豆腐攪拌，豆腐也可以事先壓碎放入。

❹ 最後加入青蔥，便可關火盛起。

百菇吐司披薩

　　菇類營養豐富，製作時可以依喜好，任選3～4種菇類放入。

1歲以上
有助鈣吸收

材料：

香菇、杏鮑菇、金針菇少許、厚片吐司1片、起司或乳酪絲少許、絞肉少許。

作法：

1. 菇類、絞肉先切細碎後，放入平底鍋炒至半熟。
2. 將炒好的材料，舖到吐司上（吐司可切邊也可不切）。
3. 最上層舖起司絲或乳酪絲，最後放入烤箱內烤約5～7分鐘。

NOTE
烤箱用大烤箱、小烤箱都可以，但記得一定要事先預熱喔！

兒童版大阪燒

　　1歲以上的食材變化性高，自製的兒童大阪燒，可以加入滿滿的蔬菜，營養健康又好吃喔！

1歲以上
富含纖維質

材料：

香菇1朵、豬肉絲適量、高湯（或水）100cc、雞蛋1顆、高麗菜適量、低筋麵粉40g、鹽少許。

作法：

1. 香菇、高麗菜切碎，放旁備用。
2. 雞蛋、麵粉、鹽、高湯混合後，攪拌至無顆粒再加入高麗菜、香菇拌勻。
3. 取平底鍋加入些許酪梨油，燒熱後舀入步驟2的麵糊，並用鏟子塑形成1～2公分厚的圓形麵糊。
4. 轉中火煎約4～5分鐘，將豬肉絲平舖上。
5. 翻面後蓋上鍋蓋再煎5分鐘，再翻面煎3分鐘即可。

滑蛋牛肉粥

1歲以上
鐵含量高

牛肉的含鐵量豐富，是寶寶補充鐵質的營養食物。

材料：

高麗菜半顆、牛絞肉半盒、紅蘿蔔1/4顆、蔥半根、雞蛋1顆、白飯1碗。

作法：

❶ 將高麗菜、牛絞肉、紅蘿蔔、蔥，全部切細碎或用攪拌機打碎，放旁備用。

❷ 煮一小鍋水，加入白飯攪拌，再加入紅蘿蔔、高麗菜繼續攪拌。

❸ 接著放入牛絞肉煮至熟，最後加入青蔥再倒入蛋液，即可關火。

鳳梨鮮蝦燉飯

1歲以上
含膳食纖維

　　鳳梨富含膳食纖維，酸酸甜甜的口感還能增進食慾。

材料：

酪梨油（或橄欖油）少許、鳳梨少許（切丁）、紅蘿蔔少許（切丁）、玉米粒少許、蝦仁5隻、白米跟水（或高湯）比例為1：1.5。

作法：

❶ 取一平底鍋，放入酪梨油燒熱後，將鳳梨丁、紅蘿蔔丁、玉米粒放入拌炒。

❷ 加入白米，以中火炒到泛黃，再加入水或高湯煮至滾。

❸ 煮滾後轉小火悶煮約15分鐘，起鍋前8分鐘再加入蝦仁即可。

NOTE
煮滾後還是要繼續拌炒，才不會變鍋巴。起鍋前，也要記得檢查一下蝦仁有沒有熟喔！

香菇羹湯細麵

1歲以上
幫助鈣質吸收

　　香菇富含維生素D，有助鈣質吸收，對健康有非常好的功效。

材料：

紅蘿蔔絲少許、絞肉少許、香菇3朵、蔥少許、麵條少許、太白粉少許、蒜少許。

作法：

❶ 將麵條煮至8分熟後，放旁備用。

❷ 香菇、蔥、紅蘿蔔切絲備用，絞肉抓醃一下。

❸ 熱鍋後加入絞肉、香菇、蒜，先小炒至香味散出。

❹ 加入2杯水，再取半杯水與太白粉混合，加入攪拌均勻並煮至滾稠。

❺ 最後加入麵條、蔥，煮滾後即可起鍋。

NOTE
食用前用湯匙或食物剪，將麵條切小段再食用。

兒童版披薩

1歲以上
營養健康

市售的披薩口味比較重，若是給寶寶吃的可以自製，放入營養豐富的蔬菜就是好吃的健康披薩。

材料：

【披薩皮】麵粉135g、鮮奶55cc、油10cc、玉米粉10cc（可不加，或是用無鋁泡打粉1g取代）、鹽少許。

【內餡】食蔬（菇類、木耳、紅蘿蔔、洋蔥、櫻花蝦、玉米罐頭）少許、起司絲半包。

作法：

1. 將麵粉、鮮奶、油、鹽、玉米粉通通倒入混合成麵糰。

2. 混合後的麵糰，用保鮮膜或是袋子裝起來，冰進冰箱20分鐘。

3. 將麵糰拿出來分割成4～5等分，用桿麵棍桿成薄皮。

4. 將切碎的餡料包入，平均撒在每片披薩上，最後用起司絲覆蓋，放進烤箱烤15分鐘即可。

NOTE
不容易熟的菇類、紅蘿蔔，可先燙個30秒。櫻花蝦則可以先爆香一下，會比較香。

兒童版好吃燒

1歲以上 預防便祕

高麗菜又稱為「甘藍菜」，顧胃的功效很好，而且纖維質多能預防便祕。

材料：

麵條少許、高麗菜1/4顆、絞肉（或肉片）半盒、紅蘿蔔1/4根、蔥半根、雞蛋1顆、麵粉80g、水50cc。

作法：

1. 將高麗菜、紅蘿蔔、蔥，切細碎備用。將麵條燙半熟，放旁備用。

2. 雞蛋、麵粉、水，加入高麗菜、紅蘿蔔、蔥，全部混合攪拌均勻成麵糊。

3. 將絞肉抓醃醬油、玉米粉後，取平底鍋熱鍋倒入，將絞肉煎至半熟，並加入麵條拌炒至8分熟。

4. 最後將步驟2的麵糊舖在炒麵上，蓋鍋蓋以小火煎到定型，再翻面煎熟即可。

芋頭糕

芋頭富含澱粉、植物性蛋白，能促進食慾、幫助消化，其膳食纖維也有防止便祕的功效。

材料：

芋頭1/3顆、絞肉少許、香菇4朵、在來米粉1米杯、冷水1米杯。

作法：

❶ 將芋頭、香菇切細碎，取一平底鍋將絞肉、香菇、芋頭稍微炒香。

❷ 在來米粉與冷水混合成粉漿後，將芋頭、香菇、絞肉放入粉漿混合並倒入容器內。

❸ 放入電鍋中，外鍋放入1杯水，按下跳起後再悶5分鐘即可。

湯品類

想要讓寶寶副食品更多變化，也可以自己煮超營養的湯，寶寶湯幾乎沒什麼調味，而且放入電鍋煮就可以了，簡單又容易。濃湯或是香菇雞湯、海鮮湯等等，都富含多種營養素，不添加調味料，就能讓寶寶吃得健康又安心。

因為湯裡能放很多食材來燉煮，所以像是南瓜、山藥、香菇、番茄……這類超營養的食材，只要寶寶吃過後沒問題，就都能放在一起熬煮。但年齡較小的寶寶食用時，食材建議還是打細碎或是用食物剪來剪碎，寶寶才比較好入口喔！

> **NOTE**
> Babymoov食物調理機用來製作濃湯很方便，利用其「蒸熟」功能將食材蒸熟後，最後用「攪拌」功能將食材攪打成泥狀，就是熱呼呼又健康的營養濃湯！

▲使用Babymoov的蒸煮功能將食材蒸熟後，再倒入水（或高湯）攪打成濃稠狀即為濃湯。

蔬果濃湯

8個月以上
富含茄紅素

番茄、蘋果富含豐富的維生素、礦物質，對人體健康功效很有幫助。

材料：
洋蔥1/4顆、水100cc、滴雞精（或高湯）100cc、牛番茄1小顆、紅蘿蔔1/4根、蘋果半顆、黑木耳1片、馬鈴薯1小顆。

作法：
1. 洋蔥、紅蘿蔔、番茄、蘋果、黑木耳，切細碎或用果汁機、調理機、攪拌機打成細碎，並放入電鍋蒸熟。
2. 蒸熟後的食材加入水，攪打成濃稠狀。
3. 將滴雞精放入鍋子內，再倒入步驟2，煮滾即可。

> **NOTE**
> 1歲以上的小孩食用，可以把水換成鮮奶。

蘋果雞湯

8個月以上 增強記憶力

　　蘋果營養豐富，除了富含膳食纖維之外，還含有「鋅」，有增強記憶力的功效喔！

材料：
雞腿半隻、蘋果2顆、薑片5片。

作法：
① 將雞腿的骨頭取下放旁備用，雞腿肉切成丁，汆燙去除血水。
② 將蘋果去皮切小丁後，與雞骨、雞腿丁一同放入電鍋熬煮（外鍋1杯水），電鍋跳起後再悶5分鐘即可。

NOTE
雞骨用雞腿取下的雞骨，煮好後即可取出丟棄。蘋果的清甜不需任何調味就很好吃了，1歲以上的孩子食用時，可以加些紅棗更清甜。

南瓜濃湯

8個月以上 營養豐富

南瓜營養豐富，皮、肉都可以食用，但是小寶寶食用時建議去皮去籽，才不會造成腸胃負擔。

材料：

南瓜半顆、滴雞精（或高湯）100cc、水600cc。

作法：

❶ 將南瓜去籽後，切小塊蒸熟並去皮。

❷ 將蒸熟的南瓜加入水，放入果汁機打成濃稠狀。

❸ 將滴雞精放入鍋內，再倒入南瓜濃湯，煮滾即可。

NOTE
1歲以後的寶寶可以將100cc的水換成鮮奶，煮起來會更香醇。

★Babymoov作法

❶ 將南瓜去籽、切小後，用蒸熟功能蒸熟後，倒入攪拌杯裡。

❷ 滴雞精或高湯加熱後，倒入攪拌杯裡，使用攪拌功能打成泥稠狀即可。

玉米濃湯

8個月
以上

改善
便祕

玉米含有葉黃素、膳食纖維，能預防白內障還能改善便祕。

材料：

馬鈴薯1小顆、紅蘿蔔1/4根、玉米1根（取玉米粒）、滴雞精（或高湯）100cc、水400cc。

作法：

1. 將馬鈴薯、紅蘿蔔去皮切細丁後，與玉米粒一起放進電鍋蒸熟。
2. 取出一半的玉米粒、馬鈴薯、紅蘿蔔，加入水打成稠狀備用。
3. 取一鍋子將步驟2倒入，再加入滴雞精（或高湯），轉小火熬煮，煮滾後再加入剩下的玉米粒、馬鈴薯、紅蘿蔔即可。

NOTE

如果寶寶的牙齒還沒有長很多顆，步驟2時就把所有食材打成泥稠狀即可。

★Babymoov作法

1. 將馬鈴薯、紅蘿蔔、玉米粒切碎後，使用蒸熟功能蒸熟後，倒入攪拌杯裡。
2. 滴雞精或高湯加熱後，倒入攪拌杯裡，使用攪拌功能打成泥稠狀即可。

111

山藥排骨湯

9個月以上 改善久咳

山藥能促進血液循環，而且蛋白質的含量很豐富，其黏液還有改善久咳的症狀喔！

材料：

豬小排4塊、薑片6片、山藥1小節、枸杞1小把。

作法：

① 先將排骨燙過去除血水、山藥去皮切小塊。

② 取一鍋子裝取適量的水，先放入薑片後，再將山藥及排骨一同放入電鍋熬煮（外鍋1杯水）。

③ 電鍋跳起後，起鍋前加入枸杞，放回電鍋悶5分鐘即可。

NOTE
切山藥的時候記得戴上手套，能避免黏液引起手部的搔癢。

香菇雞湯

9個月以上
富含蛋白質

雞肉富含蛋白質，可以當做寶寶開葷的第一道食材，搭配香菇一起食用，營養非常豐富。

材料：

薑片6片、香菇5朵、雞腿肉適量。

作法：

❶ 雞腿先燙過並去除血水、香菇洗淨泡軟。

❷ 取一鍋子，加入約7分滿的水量，將食材丟入熬煮，煮至雞肉軟爛即可。

NOTE
寶寶食用時，要再用食物剪將食材剪細碎，或是一開始處理食材時就先剪成細碎。

百菇濃湯

　　菇類含有多種營養素，對人體健康很好，可依自身喜好加入各種菇類。

材料：
絞肉1小球、綜合菇（蘑菇、香菇、杏鮑菇、草菇）各少許切細碎、起司1片、酪梨油（或橄欖油）少許、洋蔥半顆（切絲或切丁）、水400cc、滴雞精（或高湯）100cc、麵粉20g。

作法：
❶ 取一深平底鍋，熱鍋後放入酪梨油，熱油後把洋蔥、菇類下鍋拌炒。
❷ 加入絞肉拌炒1分鐘後，放入滴雞精讓其融化。
❸ 將麵粉混合少許水，混勻成麵粉糊。
❹ 把麵粉糊放入步驟2，拌炒成稠狀後倒入400cc水，煮滾後即可。

蓮藕排骨湯

　　蓮藕含鐵量高，而且維生素C、食物纖維量多，能預防便祕及增強體力。

材料：
蓮藕半根（或生玉米1根）、豬小排1塊、枸杞1小把、薑片4片。

作法：
❶ 將豬小排用滾燙熱水先行燙過，去除血水並洗淨。
❷ 蓮藕切薄片後放入鍋中，加水淹過食材，再放入薑片。
❸ 放入電鍋，外鍋1杯水，電鍋跳起後再放入枸杞，加水再煮一次。電鍋第2次跳起後即可起鍋。

枸杞虱目魚湯

　　虱目魚屬於白肉魚，含有豐富的蛋白質，可以很容易被人體消化吸收，能促進寶寶的成長發育。

材料：
虱目魚骨3塊、虱目魚肚1塊（切塊）、枸杞1小把、蒜頭5顆（切片）。

作法：
❶ 將虱目魚骨先行燙過去除血水，跟蒜片一起丟入鍋內，放入電鍋裡。外鍋用1杯水，先熬煮1次。
❷ 加入魚肚、枸杞再煮第2次，外鍋放半杯水，待電鍋跳起即可起鍋。食用前請注意是否有小魚刺，確認沒有魚刺再給寶寶食用。

蔬菜牛肉湯

　　牛肉有豐富的鐵質，還有人體所需要的鋅，可以增強身體的免疫系統。

材料：
洋蔥半顆、紅蘿蔔1/4根、高麗菜6片、馬鈴薯1小顆、牛腩少許。

作法：
❶ 將洋蔥、紅蘿蔔、高麗菜、馬鈴薯切丁或細碎。
❷ 所有食材放入鍋中，加水至8分滿，再放入電鍋中一起熬煮1～2次即可。

蒜香蛤蠣雞湯

1歲以上
促進消化

大蒜含有蛋白質及多種維生素，還能促進食慾、幫助消化。

材料：
蒜頭5顆、雞腿肉半隻、蛤蠣半斤、薑片少許。

作法：

1. 將蛤蠣泡水10分鐘、雞腿肉先燙至3分熟，去掉血水。
2. 取一鍋子將所有食材通通丟入，加水淹過食材，加蓋後移至電鍋內。
3. 電鍋外鍋放1杯水，按下開關待跳起，重覆此步驟共2次即可。

NOTE
年齡較小的寶寶食用雞腿肉時，可去骨切丁。

番茄牛肉湯

牛肉鐵質含量很高，而且很容易被人體吸收，寶寶6個月後容易缺鐵，要多補充富含鐵質的食物。

材料：
洋蔥半顆、紅蘿蔔1/4根、高麗菜6片、白蘿蔔1小顆、牛肉200g、香菜少許、牛番茄2顆、薑片3片。

作法：
❶ 將牛肉燙過後放旁備用，洋蔥、紅蘿蔔、高麗菜、白蘿蔔、牛番茄都切小丁放旁備用。
❷ 先將白蘿蔔、洋蔥、薑片、牛番茄放入鍋子內，再放入電鍋裡，外鍋用1杯水煮滾。
❸ 開關跳起後，再將其餘食材放入，外鍋再放1杯水再煮一次，開關再次跳起後即可盛起，盛起後灑上一些香菜即可。

 ## 牛蒡燉雞湯

牛蒡富含膳食纖維，還含有特殊的「菊糖」，能增強體力、強健筋骨。

材料：
牛蒡1支、雞腿肉1隻（切塊）、薑片5片。

作法：
❶ 將切塊雞腿先行汆燙去血水，牛蒡去皮切片。
❷ 取一鍋子放入半鍋水，先加入牛蒡煮10～15分後，放入雞腿塊煮20分鐘。
❸ 等雞腿肉逐漸變軟即可關火，起鍋前可以加入少許鹽來調味。

 ## 番茄海鮮湯

蝦子可以提高人體的免疫力，挑選時要以新鮮為主，若頭、尾部顏色變黑就要避免購買。

材料：
牛番茄2顆、蛤蠣5顆、蝦子4隻、洋蔥半顆、魚片5片、蒜6片。

作法：
❶ 將番茄切小、洋蔥切絲，放入深平底鍋裡，先行與蒜片微炒過後，加入200cc水煮滾。
❷ 繼續加入200cc水，並放入蝦子、魚片，煮滾後放入蛤蠣，再次滾開5分鐘即可。

海鮮濃湯

> 馬鈴薯富含膳食纖維，能促進腸胃蠕動、預防便祕。

材料：

馬鈴薯半顆（切小塊）、洋蔥半顆（切絲）、蝦仁100g、蛤蠣10個、蒜頭4顆（切末）、滴雞精（或高湯）200cc、水300cc、大干貝2顆（切小塊）、酪梨油（或橄欖油）。

作法：

❶ 取一冷鍋，放入酪梨油先行炒香洋蔥、馬鈴薯、蒜頭。

❷ 將200cc的滴雞精（或高湯）倒入煮滾後，一起放進果汁機或調理機打成濃稠狀。

❸ 再取一鍋，倒入300cc水，並將蝦仁、干貝放入煮滾。

❹ 步驟3煮滾後，倒入步驟2的濃湯、蛤蠣，煮至蛤蠣全開即可。

高湯類

　　高湯指的是加入各式營養的食材來熬煮，可以運用的範圍很廣，例如製作食物泥、煮飯、熬粥、煮麵，甚至也能直接給寶寶喝。剛開始可以選擇低敏的蔬果來加入，例如高麗菜、紅蘿蔔、洋蔥等等，寶寶吃了這些食材沒有過敏現象後，就能放入更多變化的食材來熬煮高湯。

　　因為加入了許多營養食材來熬煮，所以高湯含有豐富的營養，製作時不需要加入任何調味，食材經熬煮後就能散發天然的甜味，若是加入過多調味料只會增加腸胃負擔。

> **NOTE**
> 放入豬骨、牛骨、雞骨熬煮時，可以先用冷水下鍋，煮到水滾後才能有效將血水慢慢排出。

高湯該如何保存？

　　高湯放涼後，即可倒入製冰盒裡（建議買有蓋子的），變成冰磚後即可方便取用，保存期限建議為一星期內，最久不要超過兩星期喔！

豬骨熬高湯不健康？

　　要用豬骨熬高湯的話，建議用「豬軟骨」，若是用大骨、肋骨等硬骨，可能就會有「鉛」存在的問題，比較不建議給寶寶食用。

蔬菜高湯

5個月以上 預防便祕

紅蘿蔔含有豐富的營養素，能促進腸胃蠕動、幫助消化、預防便祕。

材料：
紅蘿蔔1根、洋蔥半顆、高麗菜6片、馬鈴薯半顆。

作法：
❶ 將材料全部去皮、切薄片（或丁狀）後，把食材全放入鍋裡，倒入水（淹過食材）。
❷ 用中火煮至水滾後，改用小火熬煮20～30分鐘，起鍋並濾掉食材即可。

蘋果蔬菜高湯

5個月以上 營養豐富

富含綜合蔬果的高湯，風味更鮮甜美味，能讓寶寶喝得健康又開心。

材料：
紅蘿蔔1根、洋蔥半顆、高麗菜6片、馬鈴薯半顆、蘋果2顆。

作法：
❶ 將全部材料去皮，切成薄片或丁狀。
❷ 準備一鍋水放入所有食材，水需淹過食材，先用中火煮至水滾後，再用小火熬煮20～30分鐘，即可起鍋並濾掉所有食材。

蘋果洋蔥高湯

5個月以上 減輕感冒症狀

洋蔥含有多種維生素、礦物質等營養，能促進血液循環，有減輕感冒症狀的功效。

材料：
蘋果2顆、洋蔥1顆。

作法：
❶ 將蘋果、洋蔥去皮，切成薄片或丁狀，把食材全放入鍋裡，倒入水（淹過食材）。
❷ 先用中火煮至水滾，再用小火熬煮40分鐘，起鍋並濾掉食材即可。

五蔬果高湯

6個月以上 增強免疫力

甜椒含有β胡蘿蔔素，有增強免疫力的功效，而且維生素C含量高，具有多種營養功效。

材料：
蘋果1顆、水蜜桃半顆、甜椒1顆、南瓜1/4塊、玉米1根（去掉玉米粒）。

作法：
❶ 將蘋果去皮切塊、水蜜桃切片、甜椒去籽切塊、南瓜去皮切塊、玉米去掉玉米粒後，骨頭一分為二。
❷ 取一小鍋將所有食材通通丟入，加水淹過食材後，再加蓋移至電鍋內。
❸ 電鍋外放1杯水，按下開關，跳起後再重覆此步驟共3次，即可起鍋並過濾掉食材。

番茄蓮藕高湯

6個月以上 增強體力

蓮藕的鐵含量很高，而且維生素C、食物纖維高，有預防便祕、強化體力的功效。

材料：

番茄1顆、蓮藕半根、洋蔥1顆。

作法：

1. 將洋蔥去皮切片、蓮藕切片、番茄切片。
2. 取一小鍋將所有食材通通丟入，加水淹過食材，再加蓋移至電鍋內。
3. 電鍋外放1杯水按下，跳起後再重覆此步驟共3次，即可起鍋並過濾掉食材。

昆布雞骨高湯

8個月以上 鈣含量高

昆布富含食物纖維、多種礦物質（例如鈣、鉀等），是個營養豐富的食材。

材料：

昆布1～2片、雞胸骨1塊。

作法：

1. 將昆布先泡軟，雞胸骨用水煮過燙掉血水後撈起洗淨。
2. 準備一鍋水，將昆布放入熬煮20分鐘後，再加入雞胸骨，用小火熬煮30分鐘，起鍋並濾掉食材即可。

高麗軟骨高湯

8個月以上 改善久咳

山藥含有特殊的「黏液蛋白」，除了促進血液循環，其滋潤效果還能改善久咳症狀。

材料：

高麗菜6片、黃椒1顆、豬軟骨200g、山藥1小節、香菇3朵。

作法：

❶ 豬軟骨洗淨，先燙一下去除血水。將山藥去皮切片、高麗菜對切，黃椒去籽切片。

❷ 取一小鍋，將所有食材（除豬軟骨外）通通丟入，加水淹過食材後，再加蓋移至電鍋內。

❸ 電鍋外鍋放1杯水，按下開關，重覆此步驟共3次，第3次再加入豬軟骨熬煮，即可起鍋並過濾掉食材。

鮮蔬軟骨高湯

8個月以上　營養豐富

熬煮時要注意，豬大骨含鉛量高，建議以豬軟骨熬煮較適合。

材料：
牛蒡1小根、洋蔥1顆、豬軟骨7塊、高麗菜1/4小顆、紅蘿蔔半根。

作法：
1. 洋蔥、牛蒡去皮切絲、高麗菜切片、紅蘿蔔切片後，再將豬軟骨燙至7分熟，去除血水。
2. 取一小鍋將所有食材通通丟入，加水淹過食材後，再加蓋移至電鍋內。
3. 電鍋外放1杯水，按下開關，跳起後再重覆此步驟共3次，即可起鍋並過濾掉食材。

玉米鮮蔬高湯

8個月以上　鐵含量高

甜菜根含有豐富的鐵質、纖維質，有補血及促進消化的功能。

材料：
玉米骨3根（去除玉米粒的玉米）、洋蔥1顆、番茄1顆、甜菜根半根、紅蘿蔔半根、蘋果半顆。

作法：
1. 將洋蔥、蘋果、甜菜根去皮切塊，香菇切片、番茄切片、紅蘿蔔切片。
2. 取一小鍋將所有食材通通丟入，加水淹過食材後，再加蓋移至電鍋內。
3. 電鍋外放1杯水，按下開關，跳起後再重覆此步驟共3次，即可起鍋並過濾掉食材。

甘蔗鮮蔬高湯

10個月以上　增強記憶

玉米的鈣含量高，其所含的黃體素、玉米黃質，能對抗眼睛老化，並刺激腦部、增強記憶。

材料：
甘蔗1/4根、洋蔥半顆、紅蘿蔔1根、玉米1根、大白菜5片。

作法：
1. 紅蘿蔔、玉米去皮切塊，大白菜洗淨對切、甘蔗去皮切小段、洋蔥去皮切片。
2. 準備一鍋水，先將甘蔗、洋蔥、玉米、紅蘿蔔放入，煮滾後再熬煮30分鐘。
3. 最後加入大白菜熬煮30分鐘，起鍋並濾掉食材即可。

雙骨高湯

10個月以上　營養豐富

加入多種食材熬煮，口味更鮮甜，食用時可以撈出油脂較不油膩。

材料：
雞骨3塊、魚骨3塊、番茄1顆、南瓜1/4塊、紅蘿蔔半根、蘋果半顆。

作法：
1. 雞骨、魚骨先行燙至7分熟，去掉血水後，將番茄、南瓜、紅蘿蔔、蘋果切塊或切片。
2. 取一小鍋將所有食材通通丟入，加水淹過食材後，再加蓋移至電鍋內。
3. 電鍋外放1杯水，按下開關，跳起後再重覆此步驟共3次，即可起鍋並過濾掉食材。

干貝蔬果高湯

　干貝含有蛋白質、礦物質、鈣、鐵等多種營養素，有增強體力的功效。

材料：

紅蘿蔔1根、洋蔥半顆、高麗菜6片、馬鈴薯半顆、蘋果2顆、干貝3顆、香菇4朵。

作法：

❶ 將全部材料去皮，切成薄片或丁狀、香菇切4等分。

❷ 準備一鍋水放入所有食材，水需淹過食材，先用中火煮至水滾後，再用小火熬煮40分鐘，起鍋並濾掉食材即可。

鮮貝雞骨高湯

11個月以上 預防便祕

番茄富含茄紅素、多種營養素，而且食物纖維含量高，有促進消化、預防便祕的功效。

材料：
番茄1顆、干貝2顆、雞骨4隻、紅蘿蔔半根、香菇3朵。

作法：
1. 雞骨洗淨，先燙一下去除血水。將紅蘿蔔去皮切片、干貝對切、番茄切片。
2. 取一小鍋，將所有食材（除雞骨外）通通丟入，加水淹過食材後，再加蓋移至電鍋內。
3. 電鍋外鍋放1杯水，按下開關，重覆此步驟共3次，第3次再加入雞骨熬煮，即可起鍋並過濾掉食材。

番茄魚骨高湯

11個月以上 促進消化

吃副食品約1.5個月之後，就可以嘗試用魚骨來熬高湯了，加入番茄熬煮，營養更豐富。

材料：
牛番茄2顆（或生玉米1根）、魚骨2塊、洋蔥半顆。

作法：
1. 魚骨先煮至半熟，燙掉血水後便撈起並洗淨。
2. 牛番茄用熱水燙過去皮、切丁，洋蔥也去皮切片。
3. 煮一鍋水，把牛番茄、洋蔥下鍋煮至水滾（水要淹過食材）。
4. 轉小火熬20分後，加入魚骨再熬30分鐘，起鍋並濾掉食材即可。

枸杞魚骨高湯

11個月以上 改善眼睛疲勞

枸杞含有葉黃素及多種營養素，明目的功效很好，可以改善眼睛疲勞、視力退化。

材料：
枸杞1把、洋蔥1顆、虱目魚骨5隻、紅蘿蔔半根。

作法：
1. 洋蔥去皮切絲、紅蘿蔔切片，將魚骨先行燙至7分熟，去掉血水。
2. 取一小鍋將所有食材通通丟入，加水淹過食材後，再加蓋移至電鍋內。
3. 電鍋外放1杯水，按下開關，跳起後再重覆此步驟共3次，第3次再加入枸杞，起鍋後過濾掉食材即可。

番茄鮮貝高湯

11個月以上 幫助消化

紅蘿蔔富含纖維質，能促進腸胃蠕動、幫助消化，對健康功效很好。

材料：
番茄1顆、干貝2顆、昆布2片（不需先泡）、紅蘿蔔半根。

作法：
1. 將紅蘿蔔去皮切片、干貝對切、番茄切片後備用。
2. 取一小鍋將所有食材通通丟入，加水淹過食材後，再加蓋移至電鍋內。
3. 電鍋外放1杯水，按下開關，跳起後把昆布取出，再重覆3次按下跳起的動作，起鍋後過濾掉食材即可。

蘿蔔魚骨高湯

11個月以上　增強免疫力

白蘿蔔含有維生素C、膳食纖維等營養素，具有增強免疫力、幫助消化的功效喔！

材料：
馬鈴薯1顆、白蘿蔔半顆、芋頭1顆、虱目魚骨5隻。

作法：
❶ 馬鈴薯、白蘿蔔、芋頭去皮切塊後，將魚骨先行燙至7分熟，去掉血水。
❷ 取一小鍋將所有食材通通丟入，加水淹過食材後，再加蓋移至電鍋內。
❸ 電鍋外放1杯水，按下開關，跳起後再重覆此步驟共3次，即可起鍋並過濾掉食材。

酪梨海鮮高湯

11個月以上　營養豐富

酪梨含有豐富的葉酸、纖維質、多種營養素，對人體的保健效果很有幫助，是很營養的食材！

材料：
酪梨1顆、柴魚片少許、番茄1顆、蝦子5隻、紅蘿蔔半根、昆布2小片（不需泡軟）。

作法：
❶ 將酪梨去皮切塊、番茄切片、紅蘿蔔切塊、蝦子洗淨。
❷ 取一小鍋將所有食材通通丟入，加水淹過食材後，再加蓋移至電鍋內。
❸ 電鍋外放1杯水，按下開關，跳起後再重覆此步驟共3次，即可起鍋並過濾掉食材。

鮮蔬牛骨高湯

1歲以上　增強免疫力

洋蔥營養豐富，還含有多種硫化物，可以抗氧化、增強免疫力，具有強化體力的功效。

材料：
高麗菜1/4小顆、洋蔥半顆、番茄1顆、玉米骨少許、牛骨3根。

作法：
❶ 將牛骨燙過去血水，再將番茄、高麗菜、洋蔥切塊備用。
❷ 取一小鍋將所有食材通通丟入，加蓋後移至電鍋內，加水淹過食材。
❸ 電鍋外放1杯水，按下開關，跳起後再重覆此步驟共3次，即可起鍋並過濾掉食材。

甘蔗牛骨高湯

1歲以上　化痰止咳

甘蔗含有蔗糖、蛋白質、鈣、磷、鐵等營養，還有化痰止咳等功效。

材料：
甘蔗1/4根、洋蔥半顆、牛骨3根、蘋果1顆。

作法：
❶ 牛骨用滾燙熱水煮過，燙掉血水後撈起洗淨。甘蔗去皮切小段，洋蔥、蘋果去皮切片。
❷ 準備一鍋水，先將甘蔗、洋蔥、蘋果放入鍋裡，煮滾後再熬煮30分鐘。
❸ 最後加入牛骨熬煮30分鐘，起鍋並濾掉食材即可。

自製最安心！
寶寶零食點心&麵包篇

手指食物、零食點心、蛋糕麵包自製最安心！
不用再擔心鈉含量問題，新手父母們自己動手做做看，
步驟簡單又容易，零廚藝也能做出美味餐點！

手指食物

手指食物（Finger Food），就是指讓寶寶練習抓取食物進食，這樣能訓練手與眼睛的協調度，還能鍛鍊寶寶的小肌肉。寶寶從6個月大開始（或是想伸手跟你搶湯匙的時候），就能讓他們練習了，基本上月齡越小的寶寶，因為抓握能力較不足，所需的手指食物尺寸也要較大，才能讓他們容易抓取。

> **NOTE**
> 還沒長牙的寶寶，可以先給他們較軟、易吞嚥、易抓取的手指食物。

豆腐漢堡排

豆腐含有豐富的蛋白質、維生素、卵磷脂，對大腦的生長發育很有幫助。

材料：

有機豆腐半盒、豬絞肉200g、香菇1朵、紅蘿蔔少許、蔥少許、酪梨油（或橄欖油）少許。

作法：

❶ 取1/3絞肉、蔥、豆腐、香菇、紅蘿蔔，放入攪拌機或調理機切成細碎。

❷ 將剩下的絞肉與步驟1混合並攪拌均勻，再捏成一顆顆球型圓狀。

❸ 取一平底鍋，放入酪梨油加熱後，再放入絞肉球煎。

❹ 煎的時候壓平，煎至兩面金黃即可。

8個月以上 促進大腦發育

地瓜簽煎餅

8個月以上
促進消化

地瓜是天然抗癌食材,蛋白質、膳食纖維含量都很高,能促進消化、預防便祕。

材料
地瓜半顆、低筋麵粉20g、水2小匙、酪梨油（或橄欖油）少許。

作法:
❶ 地瓜去皮刨短絲後,蒸熟備用。
❷ 麵粉、水、油及地瓜絲加入攪拌,混合成麵糊。
❸ 取一平底鍋加熱,抹油後倒入麵糊,煎至雙面金黃即可。

烤薯條

8個月以上 幫助排便

馬鈴薯含有豐富的維生素C、鉀，而且富含膳食纖維，能幫助排便。

材料：

馬鈴薯2顆。

作法：

❶ 將馬鈴薯洗淨，切塊、去皮放入電鍋，外鍋用一杯水蒸熟。

❷ 蒸熟後的馬鈴薯壓成泥，放涼後裝入擠花袋內（或塑膠袋，邊角減洞）。

❸ 烤盤上放置一張烘焙紙，將馬鈴薯泥擠在烘焙紙上成條狀。

❹ 放入烤箱烘烤約5～10鐘即可。

> **NOTE**
> 生馬鈴薯遇高溫容易產生致癌物，因此建議先蒸後烤。使用小烤箱也可以，請於3～5分鐘翻動一次，以免焦掉。

雞肉鮮蔬肉排

8個月以上

提高免疫力

蘑菇的蛋白質含量非常高，甚至含有多種氨基酸，營養價值很高。

材料：

去皮雞胸肉、高麗菜1片、芹菜1根、紅蘿蔔少許、蘑菇2朵。

作法：

① 將所有食材放入調理機或攪拌機（手工切碎也可以）。

② 把食材放入製冰盒裡填滿、塞緊實，放入冰箱冷凍1小時後取出。

③ 將肉排放入平底鍋乾煎至金黃色即可，或是放入烤箱烤熟也可以。

香菇米煎餅

10個月以上
幫助鈣吸收

香菇能促進血液循環，還有助於鈣質攝取，甚至有強健骨骼的功效。

材料：
白飯1碗、雞胸肉少許、香菇1朵、蔥花少許、雞蛋1顆。

作法：
❶ 雞胸肉、香菇、蔥花切碎，加入白飯裡攪拌均勻，再打入一顆蛋攪拌均勻。
❷ 將步驟1的飯糊，捏塑成圓餅狀（可以用保鮮膜包起壓緊實）。
❸ 取平底鍋，乾煎至雙面金黃即可。

珍珠丸子

10個月以上
幫助消化

紅蘿蔔能促進腸胃蠕動、幫助消化，含有β胡蘿蔔素，能有效的吸收維生素A。

材料：
紅蘿蔔少許、豬絞肉1個（約拳頭大小）、青蔥半根、香菇4朵、馬鈴薯少許、麻油（或香油）少許、白米1杯（洗過略泡半個小時）。

作法：
❶ 滴2～3滴麻油到絞肉裡，再稍微略抓一下。
❷ 除白米以外的材料，全部放入攪拌機或調理機打成細碎。
❸ 將打碎的食材抓成一小顆圓球，直接滾上白米，並放入容器裡。
❹ 放入電鍋，外鍋用一杯水，蒸至跳起即可。

南瓜雞肉煎餅

10個月以上

富含蛋白質

　　南瓜含有天然的胡蘿蔔素、蛋白質、維生素C，食用時建議去皮、去籽切丁蒸煮。

材料：

酪梨油（或橄欖油）少許、南瓜半顆、雞胸肉少許、蔥少許、莧菜2根、雞蛋1顆。

作法：

❶ 將南瓜切對半後，放入電鍋蒸熟，去皮、去籽壓成泥狀。

❷ 莧菜、蔥、雞胸肉切成細碎或是丁狀。

❸ 將南瓜泥、莧菜、蔥、雞肉、雞蛋，全部混合攪拌均勻，塑形成圓餅狀。

❹ 取平底鍋熱鍋後，倒入酪梨油並放入南瓜雞肉餅，將其煎至雙面金黃即可。

雞肉麵線蛋煎

10個月以上 富含蛋白質

市售一般的麵線都比較鹹,建議可以挑選「低鈉麵線」給寶寶食用,才不會對腎臟造成負擔。

材料:

雞胸肉少許、雞蛋1顆、低鈉麵線1小把、酪梨油(或橄欖油)。

作法:

❶ 雞胸肉切細碎後,把麵線跟雞肉先燙熟撈起備用。

❷ 雞蛋打入蛋盆,與雞胸肉拌均勻。

❸ 取平底鍋,熱鍋後倒入少許油,再將麵線放入鋪平。

❹ 倒入雞肉蛋糊,煎至兩面金黃,這分量約可分成4等分。

迷你雞蛋飯捲

10個月
以上
幫助
消化

　　紅蘿蔔能幫助腸胃蠕動、幫助消化，富含的β胡蘿蔔素還能轉化為維生素A。

材料：
白飯半碗、紅蘿蔔少許、雞蛋2顆。

作法：
1 紅蘿蔔燙熟，打成泥狀並與白飯攪拌混合。
2 將蛋打入碗裡打散成蛋液，準備一隻大湯匙放旁備用。
3 平底鍋熱鍋後，鍋底抹少許油，轉小火並將蛋液用大湯匙倒入（約半個手掌大小）。
4 挖取少許飯放入鍋內蛋液中，待底部成形後，捲起即可。

不烘炸雞塊

10個月
以上
增強
體力

　　雞胸肉含有豐富的蛋白質、維生素B群，脂肪含量少，有增強體力的功效。

材料：
雞胸肉1小塊、洋蔥少許、蛋黃1顆、玉米粉少許、麵粉少許、鹽少許、水少許。

作法：
1 洋蔥、雞肉放入攪拌機裡，攪打成細碎狀後，再放入蛋盆裡，與鹽、玉米粉、蛋黃攪拌均勻。
2 加入少許麵粉與水，混合成雞肉泥。另外再準備少許麵粉混合水成稠狀，放旁備用。
3 將雞肉泥取適量塑形，沾取剛剛調合的麵粉水，放入平底鍋內煎至雙面金黃即可。

法國小方塊

雞蛋含有DHA、卵磷脂、維生素A，可以促進腦部發育，對身體健康有很大的功效。

材料：
吐司1片、雞蛋1顆。

作法：

① 將吐司切塊，放旁備用。

② 取平底鍋並倒油，將吐司沾蛋液後放入鍋子裡煎。

③ 煎至雙面金黃即可。

10個月
以上

鈣含
量高

高麗菜營養豐富，其中鈣、鐵、磷的含量名列各類蔬菜的前五名，又以鈣含量最豐富。

酪梨油（或橄欖油）少許、白飯半碗、紅蘿蔔少許、魚片少許、高麗菜葉5片（與小孩手掌差不多大小）。

1. 取平底鍋，熱鍋後倒入些許酪梨油，將白飯、紅蘿蔔（切碎）、魚肉片（切碎）等食材拌炒至熟。

2. 高麗菜葉燙熟後，將步驟1的食材用小湯匙挖約1～2匙，平舖於高麗菜葉上。

3. 於包春捲手法相同，緊緊捲起即可。

百菇煎餅

10個月以上　營養豐富

　　加入了各式菇類、洋蔥、紅蘿蔔、馬鈴薯的煎餅，營養豐富又好吃。

材料：

香菇4朵、金針菇少許、杏鮑菇少許、洋蔥1/2顆、紅蘿蔔少許、馬鈴薯少許、低筋麵粉少許、水150cc、鹽少許、香油少許、雞蛋1顆。

作法：

❶ 香菇、金針菇、杏鮑菇、洋蔥、紅蘿蔔、馬鈴薯全部切細碎，放旁備用。

❷ 蛋跟香油加入蛋盆內攪拌，並將麵粉過篩加入，再加入水攪拌至無顆粒。

❸ 把步驟1的食材倒入攪拌均勻，使其成為麵糊。

❹ 取一平底鍋，倒入少許油並熱鍋後，再倒入麵糊並晃動平底鍋使其平舖，煎至兩面金黃即可。

彩色小飯糰

11個月
以上

鈣含
量高

黑木耳的蛋白質、維生素B2、鐵、
鈣的含量都很高，還含有豐富纖維素，
是非常營養的食材。

材料：

雞肉少許、黑木耳少許、紅蘿蔔1根、白米半
杯、蔥花少許。

作法：

1. 將雞肉、木耳、紅蘿蔔切碎備用。
2. 白米洗淨後，將步驟1的食材混入白米中。
3. 加入1杯水（或是高湯、滴雞精）攪拌，並
   放入電鍋，外鍋用1杯水蒸熟。
4. 將蔥花拌入剛起鍋的米飯中，取小糰米飯
   捏成小圓球塑形即可。

香菇蔥肉餅

香菇含有「麥角固醇」，經紫外線照射後能轉變為維生素D2，能幫助鈣質吸收。

材料：
酪梨油（或橄欖油）少許、香菇3朵、豬絞肉1小球、高麗菜葉5片、蔥1根、水餃皮適量。

作法：
❶ 將高麗菜、香菇、蔥切細碎，放旁備用。豬絞肉用手反覆抓捏，抓出絞肉的黏稠筋性。
❷ 高麗菜、香菇、蔥、絞肉混合拌勻後，蓋上保鮮膜冷藏半個小時。
❸ 取一張水餃皮，舀上餡料後，再蓋上另一張水餃皮，將之周圍捏緊。
❹ 取平底鍋熱鍋後，倒些酪梨油平舖鍋底後，將蔥肉餅下鍋乾煎至兩面金黃即可。

吻仔魚煎餅

仔魚鈣含量豐富，還含有維生素A、維生素C等營養，而且魚骨細軟，很容易被人體消化吸收。

材料：
酪梨油（或橄欖油）少許、香菇1朵、高麗菜3片、吻仔魚少許、雞蛋1顆、低筋麵粉20g、水少許。

作法：
❶ 將香菇、吻仔魚、高麗菜切成細碎後，放旁備用。
❷ 取雞蛋打入蛋盆後，將步驟1的食材放入攪拌混合，再放入麵粉攪拌成麵糊。
❸ 取平底鍋，底部抹上些酪梨油後，將麵糊倒入。
❹ 趁麵糊定型前平舖薄薄一層在鍋底，煎至兩面金黃即可起鍋切片。

寶寶零食點心＆麵包篇

玉子燒

**1歲
以上**

**富含
蛋白質**

雞蛋富含蛋白質與卵磷脂，而菠菜含有維他命C、胡蘿蔔素，對人體健康有很好的功效。

材料：

酪梨油（或橄欖油）少許、雞蛋4個、菠菜少許、起司1片。

作法：

1. 菠菜切細碎備用、雞蛋混合打散後，放旁備用。

2. 取平底鍋，熱鍋後倒入些酪梨油，轉小火將雞蛋倒入鍋內（搖動至平舖），底部微微凝固時放入菠菜。

3. 雞蛋於6～7分熟時，放入起司片，慢慢捲起切塊即可。

牛肉薯餅

1歲以上 鐵含量高

牛肉含有豐富的蛋白質、鐵質，容易被人體吸收，因此對生長發育很有幫助。

材料：

牛絞肉100g、馬鈴薯2顆、玉米粉少許。

作法：

❶ 馬鈴薯洗淨並去皮、切塊，蒸熟後壓碎成泥，放涼備用。

❷ 將牛肉抓捏出筋性，與馬鈴薯泥混合攪拌，塑形成圓餅狀成薯餅，外圍塗抹上薄薄的玉米粉。

❸ 平底鍋下油熱鍋後，放入薯餅乾煎至雙面金黃即可。

NOTE
使用烤箱烤熟也可，但時間要視薯餅的厚薄度而有不同。

鮮蔬牛肉丸子

1歲以上 營養豐富

混合了絞肉、紅蘿蔔、洋蔥、雞蛋的牛肉丸，很適合當寶寶的營養點心。

材料：

牛絞肉200g、紅蘿蔔1/3根、洋蔥1/4顆、雞蛋1顆。

作法：

❶ 紅蘿蔔、洋蔥切細碎，放旁備用。牛絞肉抓捏出筋性後，放入紅蘿蔔、洋蔥混合拌勻。

❷ 將牛肉泥用手擠成一顆顆圓球狀，放入盤內成牛肉丸。

❸ 放入電鍋，外鍋用一杯水蒸熟即可。

NOTE
不想用電鍋的話，也可以煮一鍋水，將牛肉丸放入燙熟。

迷你蝦餅

1歲以上 富含蛋白質

蝦仁富含蛋白質、礦物質、鎂，對人體健康有很好的功效。

材料：

【餅皮材料】低筋麵粉70g、鮮奶25cc、油5cc、玉米粉5g、鹽少許。

【內餡材料】蝦仁（去腸泥）5隻、蔥少許。

作法：

❶ 麵粉、鮮奶、油、鹽、玉米粉通通混合成麵糰，混合後用保鮮膜或袋子裝起來，冰進冰箱20分鐘。

❷ 麵糰拿出來放至平台上，分割成4～5等分，用桿麵棍桿成薄皮，再用圓膜壓好，放旁備用。

❸ 將蔥切碎後，與蝦仁一起放入攪拌機攪打成泥，再取兩片自製餅皮，除周圍以外都抹上薄薄的蝦泥，抹完後再黏起。

❹ 將平底鍋熱鍋，刷上油，開小火煎至金黃色即可起鍋。

NOTE
步驟1～2都是在製作餅皮，若沒時間或懶得做的話，也可以直接用餛飩皮來取代。

零食點心

　　想要讓寶寶偶爾吃些小點心，卻又擔心市售的零食點心含鈉量太高，甚至有太甜、太鹹等問題的話，不妨試試自製點心吧！

　　自製點心並沒有你想像中的難，很多都是用電鍋、烤箱就能完成，家長們不妨動手來做做看吧！但是各位家長們還是要注意一下，寶寶還是要以正餐為主，零食點心只是偶爾給寶寶嘗鮮一下，千萬別讓寶寶吃太多點心，否則會讓正餐吃不下肚。

芝麻糊

6個月以上
鈣含量高

　　黑芝麻與白米，可以製作出營養健康的芝麻糊，是道寶寶的營養點心。

材料：

黑芝麻100g、白米（浸泡至少3小時）50g、水80cc（打發白米用）、水600cc。

作法：

❶ 黑芝麻放入平底鍋，轉小火炒香後，再將米與80cc的水，用果汁機或調理機打成米漿並且過篩。

❷ 600cc的水與黑芝麻，一樣用果汁機或調理機打成芝麻漿並過篩。

❸ 米漿與芝麻漿混合後，放至爐上煮滾至微稠即可。

NOTE
1歲以上的寶寶食用，可以於步驟3再加入冰糖10g。

芝麻奶酪

6個月
以上

鈣含
量高

　　黑芝麻營養豐富，除了鈣、鐵含
量豐富外，還含有頭髮生長所含的脂肪
酸，能維持頭髮健康，還有促進智力發
展的功效。

材料：

配方奶（或母奶）160cc、吉利丁粉5g、黑芝
麻粉10g。

作法：

❶ 配方奶先加熱，並將吉利丁粉放入溶解，
接著放入一半的黑芝麻粉攪拌。

❷ 分裝至容器後，冷藏約1小時，每杯再平均
灑上剩下的黑芝麻粉即可。

雙色果凍

百香果、柳橙都是營養豐富的水果，市售果汁含糖量高，建議自己打成果汁來製作。

材料：

百香果汁120cc、柳橙汁100cc、吉利丁片2片。

作法：

1. 將吉利丁片分2片，分開剪小泡軟。

2. 用1大匙的冷水將1片吉利丁片加熱溶解成吉利丁液，再與柳橙汁混合攪拌均勻，並放入容器內（倒至容器一半即可），冷藏12個小時。

3. 用1大匙冷水將另一片吉利丁片加熱溶解，將百香果汁與吉利丁液混合攪拌均勻成百香凍液，倒回剛剛放柳橙凍的容器內（疊至上層），放回冰箱冷藏2個小時即可。

配方奶雪花糕

6個月以上
營養豐富

　材料用配方奶或母奶都可以，自製零食點心給寶寶食用，就不用擔心添加物和鈉含量高的問題。

材料：
配方奶（或母奶）160cc、玉米粉25g。

作法：

❶ 先把100cc的配方奶（或母奶）加熱後，再將60cc的配方奶（或母奶）與玉米粉混合，並攪拌均勻成玉米奶。

❷ 將玉米奶慢慢倒入加熱的配方奶（或母奶）中，開小火熬煮（要一直攪拌，小心別煮焦了），煮至濃稠狀，約5～10分鐘。

❸ 分裝至容器後冷藏約1小時（可放蛋糕膜或保鮮盒），最後從容器裡倒出，並切小塊即完成。

best

地瓜薄片

6個月
以上
預防
便祕

地瓜有豐富的蛋白質、膳食纖維、多種營養素，能促進腸胃蠕動、幫助排便、預防便祕。

材料：
地瓜1顆。

作法：
① 將地瓜去皮、蒸熟後，切成薄片或切絲。
② 均勻擺入烤盤，以110度烤約10分鐘（用大或小烤箱、微波爐加熱都可以）。

PRIDE OF PLACE

小西點蛋黃餅

7個月以上

促進大腦發育

蛋黃是雞蛋裡的精華，營養成分高，而且富含DHA、卵磷脂，所以能促進大腦發育。

材料：

蛋黃2顆、低筋麵粉100g、糖少許、橄欖油20g。

作法：

❶ 蛋黃、糖、油攪拌均勻後，加入過篩之麵粉混合成麵糰。

❷ 將麵糰桿平後，壓模放進小烤箱，烤約5～10分鐘即可。

💜 小饅頭

日本太白粉是進口的馬鈴薯澱粉，粉質比較細密而且黏稠性較高，常用來製作各式小點心。

材料：
日本太白粉120g、細砂糖25g、蛋黃1顆、水少許、配方奶粉15g。

作法：
1. 將蛋黃跟砂糖混合，打到泛白之後，再把奶粉跟太白粉放入。
2. 混合後若無法成形，則可以加點水，直到可以揉成小麵糰。
3. 像搓湯圓一樣搓小塊，並刷上蛋黃液，烤箱預熱140度（大小烤箱皆可），烤約10～15分鐘即可。

💜 黑糖拉拉棒

用黑糖做出來的拉拉棒，甜甜的風味又散發奶香，很受寶寶喜愛。

材料：
無鹽奶油（或橄欖油）30g（30cc）、黑糖20g、蛋1顆、低筋麵粉130g。

作法：
1. 將奶油、黑糖粉過篩後，放入雞蛋攪拌，最後加入低筋麵粉過篩，慢慢攪拌成一顆不黏手的麵糰。
2. 蓋上保鮮膜，放進冰箱靜置30分鐘，取出後桿開約1～3公分的厚度，再切成一條一條的形狀。
3. 將每條隨意扭轉後，放入烤箱烤約25分鐘（170度或180度），用小烤箱烤也可以。

黑糖紅豆湯

7個月
以上

增強
抵抗力

紅豆含有膳食纖維、多種維生素，其鐵質含量高，能促進血液循環、強化體力、增強抵抗力。

材料：
紅豆適量、黑糖25g、老薑1節。

作法：
1. 老薑磨成末，放旁備用。
2. 紅豆洗淨放入鍋內，加1000cc的水，放入薑末、黑糖，轉中小火煮30分鐘後，再悶20分鐘。
3. 使用電鍋的人，可以用1杯半的水煮到跳起後，再重覆2～3次至紅豆軟爛即可。

快速檸檬愛玉

7個月以上 強化記憶力

檸檬含有維生素C、維生素E、檸檬酸等多種營養素，有助於強化記憶力、預防骨質疏鬆。

材料：

檸檬1顆、糖水（細砂糖35g+水50cc煮成）、愛玉子10g、水150cc。

作法：

❶ 將水跟愛玉子一起倒入果汁機內，用最低速打30秒～1分鐘。

❷ 倒入容器內同時一併過濾掉愛玉子，裝盒冷藏40分鐘，放入少許檸檬汁、糖水，加上切塊的愛玉，調成一碗即可。

黑糖小饅頭

7個月以上 鈣含量高

黑糖有豐富的維生素、礦物質，而且鈣含量高，是很營養的食材。

材料：

日本太白粉120g、黑糖20g、蛋黃1顆、水15cc。

作法：

❶ 將黑糖跟蛋黃混合均勻，再把日本太白粉過篩後放入蛋盆，與黑糖蛋液混合。

❷ 倒入約15cc的水，混合成麵糰（麵糰需不沾手）。接著於工作台上放一張烘焙紙，灑點日本太白粉，並將麵糰移出。

❸ 將麵糰分成小等分搓成小圓球，每顆刷上蛋黃液，烤箱預熱150度（大小烤箱皆可），約烤10～15分鐘即可。

水果QQ糖

8個月
以上

富含
維生素

吉利丁片（Gelatine）是從動物的軟骨所提煉出來的膠質，也稱為明膠或魚膠，常用於製作甜點使用。

材料：

柳橙汁80cc、吉利丁片6片。

作法：

❶ 吉利丁片用冷水泡軟後，再放入1大匙冷水將吉利丁片煮至溶解，並加入柳橙汁攪拌一下。

❷ 吉利丁液倒入製冰盒中，放入冰箱冷藏12個小時後即可取出。

木耳蓮子粥

8個月
以上
增強
免疫力

白木耳含有蛋白質、多種礦物質、維生素、多醣體，能增強免疫力、保健腸道。

材料：

白木耳4片、蓮子1湯匙、白飯或隔夜飯或白米（40ml）1碗、冰糖5g。

作法：

❶ 將蓮子、木耳泡水1小時後，放入攪拌機或調理機攪碎。

❷ 煮一小鍋水，將蓮子跟白木耳加入，再放入冰糖，最後加入白飯繼續攪拌，煮滾即可。

NOTE
若是2歲以上大童食用，冰糖可增加至10g。

米餅

8個月
以上
營養
豐富

可以任選要地瓜泥或蔬菜泥，不管是哪一種都是對寶寶健康很有幫助的營養食材。

材料：

白飯（或隔夜飯）1小碗、地瓜泥（或蔬菜泥任選）30g。

作法：

❶ 把白飯、地瓜泥混合，用攪拌棒打碎變成黏稠狀。

❷ 烤盤舖上烘焙紙，將打稠的米餅泥，用刮刀薄薄抹在烤盤上，大小可以依個人喜好。

❸ 放入烤箱內烘烤約15分鐘，每5分鐘看一下狀況，拿筷子戳一下看會不會酥酥的，會的話即可取出。

杏仁瓦片

8個月
以上
改善
便祕

杏仁含有豐富的礦物質、膳食纖維，能促進腸道蠕動、改善便祕。

材料：

低筋麵粉45g、砂糖15g、無鹽奶油25g、杏仁片90g、鹽1g、蛋白2顆。

作法：

❶ 將無鹽奶油先行融化，並將所有材料混合成麵糊。

❷ 取平底鍋熱鍋，將麵糊用兩根湯匙平抹於鍋底，可分小塊抹也可以整片抹，抹薄一點會比較快熟。

❸ 蓋上蓋子用小火慢煎約15分鐘，讓薄片變成金黃色即可。

柳橙蛋白餅

柳橙含有大量的維生素C、鋅、葉酸，所以有開胃整腸、預防感冒的功效。

材料：

柳橙汁150cc、蛋白1顆、在來米粉30g。

作法：

1. 在來米粉、柳橙汁先行攪拌均勻放旁備用。
2. 將蛋白打發至硬性發泡（用湯匙挖起後，蛋白不會滴下），打好後分3次，用刮刀混入步驟1。
3. 將步驟2放入擠花袋（或塑膠袋），並剪開邊角，擠一小坨至烤盤上，用130度烤15分鐘即可。

黑糖蓮藕Q糕

蓮藕含有豐富的鐵質，還有纖維、維生素，能預防便祕。

材料：

黑糖50g、水120cc、低筋麵粉40g、蓮藕粉20g、玉米粉10g、橄欖油5g。

作法：

1. 黑糖與60cc的水，用小火煮至溶解成黑糖液（不用滾，只要黑糖溶解即可）。
2. 麵粉、蓮藕粉、玉米粉過篩後，加入黑糖液裡，攪拌均勻。
3. 將橄欖油、60cc水加入攪拌均勻，倒入容器內後再放入電鍋，外鍋用1杯水，跳起後悶5分鐘即可。

NOTE
悶完後即可先將電鍋開小縫，等放涼後再取出黑糖糕。

紅棗黑木耳露

8個月以上
預防便祕

紅棗、黑木耳富含多種營養能補血補氣，而且膳食纖維高，能預防便祕、幫助排便。

材料：

紅棗3顆、黑木耳100g、黑糖10g、水500cc。

作法：

❶ 木耳去蒂頭汆燙2分鐘，撈起後洗淨切碎。紅棗洗淨去籽切碎。

❷ 將紅棗、木耳、黑糖與500cc水混合後，放入電鍋內，電鍋外鍋放1杯半的水後按下開關，待跳起即可。

柳橙包心磚

8個月以上
促進消化

　　柳橙富含豐富的膳食纖維、維生素C，能促進消化、幫助排便。

材料：

柳橙汁200cc、吉利丁片2片、蘋果丁（或其他水果丁少許）。

1. 吉利丁片以冷水泡軟後，將200cc柳橙汁放入煮溶吉利丁片。

2. 倒入小果凍模具中（每格倒一半），再將蘋果丁或其他水果丁放入模具裡，再倒柳橙液至8分滿。

3. 將模具放冰箱冷藏約4～5小時後，再取出脫模即可。

薑汁雙色甜湯

8個月以上
預防便祕

芋頭、地瓜都是營養豐富的食材，能增強體力、預防便祕，而且抗癌功效很好。

材料：

芋頭半顆、地瓜1條、糖15g、薑末50g。

作法：

❶ 將芋頭、地瓜去皮切小塊，放旁備用。

❷ 取一鍋水並將所有食材丟入，水裝7分滿。

❸ 電鍋外鍋放入2杯水，按下開關，待開關跳起再悶5分鐘即可。

NOTE

想再煮軟爛一點，可以重覆步驟3約2次。

雙泥捲心

9個月以上 預防便祕

　　地瓜、芋頭都是富含膳食纖維的營養食材,將其製作成點心,能讓寶寶吃得營養又健康。

材料:

低筋麵粉50g、鮮奶170cc(或配方奶、母奶)、雞蛋1顆、在來米粉10g、地瓜泥少許、芋泥少許。

作法:

1. 將奶類、雞蛋攪拌均勻,加入麵粉、糖、鹽等粉類攪拌。

2. 用刷子將平底鍋抹上一薄薄的油,把麵糊舀入平底鍋,用湯匙抹開,越薄越好(但不要破了)。

3. 轉中小火將煎餅煎熟(一面約30秒),最後將餅皮抹上地瓜泥、芋泥後捲起即可。

NOTE
可先塗一層地瓜泥,再疊上一層芋泥。

地瓜圓薑湯

10個月以上　預防感冒

薑湯有預防感冒的功效，搭配地瓜、黑糖、紅棗等食材，就是一道營養健康點心。

材料：

薑末50g、地瓜1條（約200g）、日本太白粉80g、黑糖30g、紅棗5顆。

作法：

① 地瓜用電鍋蒸熟後，壓成地瓜泥，再和日本太白粉混合成麵糰，並且塑形成小顆圓球狀。

② 取一鍋子，加入適量水、薑末，把黑糖、紅棗先煮滾一輪，最後丟入塑形好的地瓜圓，煮滾即可。

奶油煎餅

10個月以上　富含蛋白質

　　雞蛋、鮮奶都是營養豐富、富含蛋白質的食材，用其製作點心能讓寶寶吃得健康又營養。

材料：

低筋麵粉90g、鮮奶70cc（或配方奶、母奶）、雞蛋2顆、無鹽奶油30g（室溫放軟）、鹽1g、糖5g。

作法：

❶ 將鮮奶、雞蛋、奶油攪拌均勻後，再加入麵粉、糖、鹽等粉類攪拌均勻，使其成為麵糊。

❷ 平底鍋抹上一層薄薄的油，並將麵糊舀入平底鍋，轉中小火煎至金黃、雙面熟（約1分多鐘）。

豆漿雪花糕

10個月以上

富含蛋白質

豆漿被譽為「植物性牛奶」，含有多種維生素、礦物質、大豆蛋白質等豐富的營養。

材料：
豆漿160cc、玉米粉25g、黑芝麻細粉少許、細砂糖10g。

作法：

1. 豆漿100cc與糖加熱放旁備用，再將60cc的豆漿與玉米粉混合成「玉米豆漿」，並攪拌均勻。

2. 把「玉米豆漿」慢慢倒入加熱的豆漿中，開小火熬煮（小心別煮焦了，要一直攪拌）至濃稠狀，約5～10分鐘。

3. 分裝至容器後冷藏約1小時（可放蛋糕膜或保鮮盒），倒出容器並切小塊，滾上黑芝麻細粉即可。

蘋果布丁

10個月以上
提高記憶力

蘋果富含多種營養，還能提高記憶力、保持泌尿系統健康，對寶寶的好處多多。

材料：

雞蛋1顆、配方奶（或母奶）250cc、蘋果汁50cc。

作法：

1. 配方奶跟蘋果汁先行攪勻，再打入1顆雞蛋。

2. 將步驟1用濾網過濾3～4次後，再倒進容器裡。

3. 用電鍋隔水加熱，外鍋1杯水，鍋蓋開個小縫，開關跳起後即可。

NOTE
1歲以上的寶寶食用，也可將奶類換成鮮奶。

芝麻布丁

10個月以上

鈣含量高

黑芝麻富含鈣、鐵，還有維生素B群等多種營養素，對人體好處多多。

材料：

雞蛋1顆、蛋黃1顆、配方奶（或母奶）200cc、黑芝麻10g。

作法：

❶ 雞蛋、蛋黃、配方奶（或母奶）打散混合成蛋液後，過篩2次再加入芝麻粉拌勻，倒入容器內備用。

❷ 將布丁放入蒸架上，蓋上電鍋蓋，用筷子讓鍋蓋蓋上時留些縫隙。電鍋外鍋放1杯水，待開關跳起即可。

NOTE
1歲以上的寶寶食用，也可以將奶類換成鮮奶。

165

八寶粥

11個月以上
預防便祕

　　黑米是糯米的一種，膳食纖維含量高，有助於預防便祕。

材料：

紅豆1小匙、燕麥1大匙、龍眼乾少許、紅棗3顆、黑米40g、黑糖10g、蓮子少許。

作法：

❶ 將紅豆、黑米、燕麥先泡水2小時，再用400cc的水煮開。

❷ 紅豆、蓮子搗碎後，把所有食材放入鍋子裡，持續攪拌至滾10分鐘後，再悶20分鐘。

NOTE
步驟2也可以用電鍋，外鍋放1杯水，待跳起直接悶10分鐘即可。

藍莓果醬

11個月以上
改善視力

　　藍莓富含花青素、維生素C，還有很強的抗氧化力，甚至還有保護眼睛、讓視野清晰的功效。

材料：

藍莓275g、冰糖10g。

作法：

❶ 藍莓對切或切1/4等分，拌入冰糖靜置1個小時，每10分鐘攪拌一次讓果膠釋出。

❷ 放入電鍋，外鍋放1杯水、內鍋加蓋，開關跳起後再重覆2次，即可裝罐。

★Babymoov作法
❶ 將藍莓對切或切成1/4等分，拌入冰糖靜置1個小時，每10分鐘攪拌一次讓果膠釋出。
❷ 放入蒸氣主機內（加蓋），設定蒸煮模式，反覆蒸煮3次，每次20分鐘，煮至濃稠。
❸ 放入攪拌杯內，啟動攪拌功能，攪碎後裝罐即可。

軟式可麗餅

1歲以上 富含蛋白質

加入鮮奶的可麗餅，濃濃的奶香與甜甜的滋味，是相當受孩子喜愛的料理之一。

材料：

低筋麵粉110g、鮮奶310cc、橄欖油少許、玉米粉10g、奶油30g、冰糖5g、鹽少許。

作法：

1. 麵粉、鮮奶、奶油、糖、鹽、玉米粉、溶解後的奶油，通通倒入混合成麵糊。
2. 混合後的麵糊冰入冰箱（至少30分鐘以上），放旁備用。
3. 取平底鍋，熱鍋後刷上薄薄的橄欖油（或奶油），用湯匙舀入一大匙麵糊（薄薄的），搖動鍋子均勻攤平。
4. 用中火煎1分鐘左右，翻面再煎1分鐘，即可起鍋。

水果麥仔煎

水果丁可以自行搭配,讓孩子就算是吃點心,也能增添營養。

材料:

中筋麵粉160g、蛋1顆、細砂糖20g、鮮奶90cc、橄欖油10cc、酵母粉2g、黑芝麻粉少許、白芝麻粉少許、水果丁少許(自行搭配)。

作法:

1. 黑芝麻粉、白芝麻粉先攪拌混合(要用熟芝麻),等會要當為內餡,先放旁備用。
2. 將其他材料攪拌均勻至無顆粒麵糊後,靜置室溫1小時。
3. 取平底鍋,熱鍋後轉微小火倒入一半麵糊,煎到底部金黃、表面有氣泡的樣子,放入內餡並對折(煎到氣泡泛白就得對折)。
4. 繼續煎至淺咖啡色後,即可起鍋,起鍋後折成三角形,上面再舖水果丁即可。

乳酪絲米餅

起司擁有豐富的蛋白質、礦物質、維生素,而且鈣質含量也很高喔!

材料:

白飯1碗、起司絲30g、蛋1顆。

作法:

1. 將材料全部攪拌均勻後,放入平底鍋中舖平。
2. 用湯匙壓緊實後,加蓋並用小火慢煎約15分鐘。
3. 偶爾翻面,直至雙面金黃即可。

鮮奶芋絲粿

1歲以上

營養豐富

芋頭的營養成分豐富，鈣、磷、鐵等礦物質含量高，還有預防牙齒退化的功效。

材料：

芋頭半顆、在來米粉200g、鮮奶200cc。

作法：

❶ 芋頭切塊，用攪拌機或調理機打成細碎。

❷ 將鮮奶、在來米粉攪拌均勻後，把芋頭放入，放置容器內蒸熟即可。

蜂蜜芋泥球

蜂蜜含有葡萄糖、寡糖、類黃酮素，有消除疲勞、提高免疫力等功效，但建議1歲以上再食用。

材料：
芋頭300g、奶油（橄欖油）10g、蜂蜜10cc、鮮奶少許（可用水取代）10cc。

作法：
1. 芋頭去皮切丁蒸熟後，與蜂蜜、奶油趁熱拌入，壓成芋頭泥。
2. 用冰淇淋勺挖取成圓球狀，將芋泥球放入杯盒內，再放入冷藏即可。

NOTE
小孩未滿1歲食用的話，可將鮮奶換成配方奶或母奶、蜂蜜換成砂糖或黑糖。

百香鮮奶酪

百香果富含多種維生素、蛋白質、膳食纖維，還有幫助消化、止咳化痰等功能。

材料：
吉利丁1片、鮮奶150cc、百香果1顆。

作法：
1. 百香果切開，取出百香餡備用。用水把吉利丁泡軟，放旁備用。
2. 把吉利丁放入鮮乳裡加熱，溫度不用過高，只要讓吉利丁融解即可。
3. 過濾泡泡後裝瓶，放進冰箱冷藏2小時後，再舖上百香餡即可。

芋頭西米露

1歲
以上
預防
便祕

芋頭含有鈣、磷、鐵、多種礦物質，而且纖維質高，可以預防便祕。

材料：

芋頭300g、西谷米100g、冰糖少許、鮮奶少許（可省略）。

作法：

1. 芋頭切塊放入鍋中，加水淹過芋頭後，放入冰糖。鍋子放入電鍋，外鍋用1杯水悶煮2次。

2. 將煮好的芋頭放涼，再以果汁機或調理機打成泥。

3. 西谷米加入2倍的水，煮約10分鐘呈透明狀，撈起後以冷水冰鎮，再將西谷米放入芋泥裡，攪拌均勻即可。

NOTE
西谷米需以小火熬煮，並不停攪拌、適時加水，才不會黏鍋底。

香甜燉奶

燉奶需準備的材料很少、作法又簡單，也可以嘗試將鮮奶改成母奶或配方奶食用。

材料：
蛋白1顆、鮮奶160cc。

作法：
1. 將蛋白與鮮奶打散，放入容器內。
2. 容器放入電鍋裡，外鍋用半杯水，按下開關待跳起即可。

黑糖雪花糕

1歲
以上
促進腸胃
蠕動

牛奶含有豐富的蛋白質、維生素、礦物質、鈣、鐵，能增加腸胃蠕動、增強骨質密度。

材料：

鮮奶160cc、玉米粉25g、黑糖粉少許。

作法：

1. 100cc的鮮奶加熱，放旁備用。
2. 把60cc的鮮奶與玉米粉攪拌均勻，混合成「玉米奶」。
3. 玉米奶慢慢倒入加熱的鮮奶中，開小火熬煮至濃稠狀即可（約煮5～10分鐘，要一直攪拌別煮焦了）。
4. 分裝至容器裡（可放蛋糕膜或保鮮盒），冰入冰箱冷藏約1小時後，倒出容器、切小塊，滾上黑糖粉即可。

銅鑼燒

1歲半以上 促進血液循環

　　紅豆是高蛋白、低脂肪的食物，而且富含鐵質，能促進血液循環、增強抵抗力。

材料：

雞蛋2顆、高筋麵粉130g、無鋁泡打粉1g、無鹽奶油10g、蜂蜜20cc、細砂糖20g、鮮奶40cc、紅豆泥（紅豆湯先行炒乾水分，加入奶油拌入黏性）。

作法：

1. 將麵粉跟糖過篩後放旁備用，接著把蛋打散後加入無鹽奶油、蜂蜜、鮮奶攪拌均勻，再拌入過篩後的粉類、泡打粉攪拌均勻，放冰箱冷藏30分鐘。

2. 冷藏後麵糊變稠，可加入些許鮮奶調整至表面光滑，然後取平底鍋預熱，並倒入麵糊以小火煎至表面起小泡即可翻面。

3. 最後取兩片煎好的銅鑼燒皮，加入紅豆泥內餡再夾起即可。

NOTE

加入泡打粉後，全蛋就不需打發，若不想加泡打粉，則需將全蛋、砂糖先行打發，再加入其他材料，且不需冷藏，可以直接使用。

芒果鮮奶布丁

2歲以上
促進排便

芒果是高過敏性水果,建議2歲以後再食用,或是也可以將芒果換成其他水果來製作布丁。

材料:

芒果適量、雞蛋1顆、鮮奶140cc。

作法:

❶ 芒果打成泥或汁後,與雞蛋、鮮奶攪拌均勻,過濾後放入容器內。

❷ 放入電鍋蒸架上,蓋上鍋蓋,並用筷子插入留點縫隙。外鍋放1杯水,按下開關後,待開關跳起取出即可。

NOTE

也可以用烤箱,溫度設定200度,烤盤裝半滿的水,再放入布丁瓶,烤12~15分鐘即可。

寶寶零食點心&麵包篇

蛋糕麵包

蛋糕麵包的製作上會比較費時，因為必須等待麵糰發酵，但有著烘焙魂的家長們可以試看看，因為自己手作的愛心牌糕點，一定會贏過市面上的量產糕點，而且不含其他添加物，也能讓寶寶吃得比較放心和安心喔！

地瓜蛋糕

10個月以上
預防便祕

地瓜、蛋黃都是營養豐富的食材，地瓜還有預防便祕、促進消化的功效。

材料：

地瓜410g、蛋黃3顆、無鹽奶油40g（放室溫軟化）、細砂糖10g、鮮奶30cc、鹽1g。

作法：

1. 地瓜去皮蒸熟後，用調理機或攪拌棒攪打成泥。奶油切小塊放旁備用。
2. 地瓜倒入蛋盆之後，趁微溫將小塊奶油、糖、鹽倒入，再加入2顆蛋黃攪拌均勻。
3. 鮮奶慢慢倒入拌勻，最後倒入擠花袋，不需放花嘴直接擠到瑪芬膜。
4. 將第3顆蛋黃打散成蛋液，塗上後放入烤箱預熱160度、烤25分鐘即可。

黑糖饅頭

10個月以上
鈣含量高

黑糖除了有豐富的維生素，而且鈣、鐵含量高，對人體健康很有幫助。

材料：

低筋麵粉100g、中筋麵粉460g、黑糖60g、鮮奶300cc（或配方奶、母奶）、鹽0.5g、即發酵母粉5g。

作法：

1. 材料倒入麵包機或麵盆，混合搓揉成一個光滑不黏手的麵糰，然後蓋上溼布靜置25分鐘。
2. 將麵糰移到工作台上，分切成每顆約60g後，桿開捲起整形，收口朝下。
3. 再次發酵50分鐘（可以煮一鍋溫水，將蒸籠放上，微溫發酵比較快）。
4. 將發酵好之麵糰，開大火蒸煮20分鐘即可出爐。

NOTE
蒸好後可先將鍋蓋開小縫，讓饅頭變涼，這樣表皮會較光滑。

一口麵包

10個月以上 富含蛋白質

小巧的一口麵包，除了當做零食點心，也可以當寶寶的手指食物喔！

材料：

高筋麵粉210g、細砂糖20g、蛋1顆、蛋液適量、無鹽奶油30g、鮮奶90cc、鹽少許、酵母粉1/3小匙。

作法：

1. 無鹽奶油切丁備用後，再將糖、蛋放入蛋盆攪拌均勻，邊攪拌邊加鮮奶，直到變成一個不沾手麵糰，再揉入奶油。

2. 抓住麵糰一角往桌上摔去，再折疊重覆摔打約200次後，將蛋盆底下擦點油，並將麵糰收成一球，開口朝下放入蛋盆中。

3. 將麵糰噴點水，並蓋上溼布靜置40分鐘～1小時，直至變為原麵糰的2倍大。麵糰取出後，桿成約1公分厚度，並切成1*1公分的方形塊狀。

4. 將切好之方形麵糰噴上些水，蓋上溼布靜置約40分鐘，讓麵糰脹2倍大，最後刷上蛋黃液，放入預熱170度的烤箱，烤15分鐘即可出爐。

地瓜饅頭

10個月以上
增強抵抗力

地瓜擁有豐富的維生素、膳食纖維，除了能預防便祕，也有增強抵抗力的功效。

材料：

低筋麵粉50g、中筋麵粉160g、地瓜150g、水50cc、鹽0.5g、即發酵母粉5g。

作法：

1. 將地瓜去皮蒸熟，壓成地瓜泥後，與其他材料一起倒入麵包機或蛋盆，混合搓揉成一個光滑不黏手麵糰，蓋上溼布靜置25分鐘。
2. 將麵糰移到工作台上，分切成每顆約60g後，桿開捲起整形，收口朝下。
3. 再次發酵50分鐘（可以煮一鍋溫水，將蒸籠放上，微溫發酵比較快）。
4. 將發酵好之麵糰，開大火蒸煮20分鐘即可出爐。

香蕉蛋糕

10個月以上
提升免疫力

香蕉富含膳食纖維，能促進腸胃蠕動、預防便祕，還有提高免疫力的功效。

材料：

鬆餅粉300g、無鹽奶油70g、鮮奶90cc、蛋2顆、香蕉3根。

作法：

1. 將奶油與糖攪拌均勻，至奶油泛白後，加入2顆全蛋攪拌均勻。
2. 先用另一個容器，將鬆餅粉跟鮮奶攪拌均勻後，再將步驟1慢慢加入攪拌。
3. 將香蕉打成泥後，加入攪拌均勻，放入烤箱預熱180度、烤40分鐘即可。

NOTE
鬆餅粉也可以自製唷！材料：中筋麵粉110g、玉米粉20g、小蘇打粉1g（1/4匙）、泡打粉3g，將全部材料混合即可！

雙色饅頭

10個月以上
營養豐富

地瓜、黑糖都是營養很高的食材，將這兩種食材混合自製成饅頭，就是營養健康的小點心。

材料：

【地瓜麵糰】地瓜80g、中筋麵粉140g、即發酵母粉1.25g、水35cc。

【黑糖麵糰】黑糖50g、中筋麵粉140g、即發酵母粉1.25g、水35cc

作法：

1. 地瓜去皮蒸熟壓成泥、黑糖先跟水混合融解變黑糖水。

2. 地瓜泥與地瓜麵糰的其他材料，混合成一個光滑不黏手麵糰；黑糖水與黑糖麵糰的其他材料，混合搓揉成一個光滑不黏手麵糰。
3. 各自蓋上溼布讓麵糰靜置25分鐘，再將麵糰移到工作台上各自桿平。把黑糖麵糰皮、地瓜麵糰皮相疊起，再分切塑型。
4. 發酵50分鐘（可以煮一鍋溫水，將蒸籠放上，微溫發酵比較快）後，再開大火蒸煮20分鐘即可。

全麥鮮奶吐司

10個月以上　鈣含量高

全麥麵粉含有鐵、鈣、維生素、葉酸、膳食纖維等，營養成分豐富。

材料：

高筋麵粉170g、全麥麵粉170g、細砂糖15g、雞蛋1顆、橄欖油30cc、鮮奶120cc（或配方奶、母奶）鹽少許、酵母粉3/4小匙、葡萄乾少許（切碎）。

作法：

1. 蛋放入蛋盆後，再將高筋麵粉、糖、鹽、酵母粉混合並過篩，放入蛋盆裡，邊攪拌邊加鮮奶，直到變成一個不沾手麵糰。

2. 抓住麵糰一角往桌上摔去，再折疊重覆摔打約200次後，將蛋盆底下擦點油，並將麵糰收成一球，開口朝下放入蛋盆中。

3. 將麵糰噴點水，並蓋上溼布靜置40分鐘～1小時，直至變為原麵糰的2倍大。麵糰分割成2團，各自桿開並鋪上葡萄乾後再捲起，捲完後開口朝下收尾，放入不帶蓋吐司模中（排列時請隔些距離）。

4. 噴些水在麵糰上，再蓋回溼布靜置約40分鐘～1小時，讓麵糰脹到吐司膜的7～9分滿。

5. 放入預熱170度的烤箱，烤40分鐘即可出爐。

黃金牛奶吐司

10個月以上　營養豐富

自製吐司營養又健康，無其他添加物，能讓寶寶吃得放心又安心。

材料：

高筋麵粉375g、細砂糖15g、無鹽奶油（常溫放軟）20g、水120cc、鮮奶120cc（或配方奶、母奶）、鹽少許、酵母粉4g、葡萄乾少許（切碎）。

作法：

1. 無鹽奶油、鮮奶放入蛋盆攪拌均勻，再把高筋麵粉、糖、鹽、酵母粉混合並過篩混入，一邊攪拌邊加水，直到變成一個不沾手麵糰。

2. 抓住麵糰一角往桌上摔去，再折疊重覆摔打約200次後，將蛋盆底下擦點油，並將麵糰收成一球，開口朝下放入蛋盆中。

3. 將麵糰噴點水，並蓋上溼布靜置40分鐘～1小時，直至變為原麵糰的2倍大。麵糰分割成2團，各自桿開並鋪上葡萄乾後再捲起，捲完後開口朝下收尾，放入不帶蓋吐司模中（排列時請隔些距離）。

4. 噴些水在麵糰上，再蓋回溼布靜置約40分鐘～1小時，讓麵糰脹到吐司膜的7～9分滿，最後放入預熱220度的烤箱，烤40分鐘即可出爐。

豆腐蛋糕

11個月以上　促進大腦發育

豆腐含有豐富的蛋白質、維生素、卵磷脂，對大腦發育有益，還能維持骨骼健康。

材料：

豆腐半盒、蛋2個、鮮奶120cc、細砂糖15g、低筋麵粉200g、酵母粉3g。

作法：

1. 將豆腐打成泥狀放入蛋盆後，再加入蛋、鮮奶、糖攪拌均勻。

2. 將麵粉以及酵母粉混合過篩加入，冰入冰箱或靜置2個小時。

3. 放入蛋糕膜，烤箱預熱160度，烤40分鐘即可。

紅豆饅頭

11個月以上
增強抵抗力

紅豆有豐富的鐵質,有促進血液循環、強化體力、增強抵抗力的功效。

材料:

低筋麵粉50g、中筋麵粉160g、紅豆湯65g、鹽0.5g、即發酵母粉5g。

作法:

❶ 從紅豆湯裡撈出紅豆15g、湯50cc,攪打成泥後,與其他材料倒入麵包機或蛋盆,混合搓揉成一個光滑不黏手麵糰,蓋上溼布靜置25分鐘。

❷ 將麵糰移到工作台上並分切,每顆約60g後,桿開捲起整形,收口朝下。

❸ 再次發酵50分鐘(可以煮一鍋溫水,將蒸籠放上,微溫發酵比較快)。

❹ 將發酵好之麵糰,開大火蒸煮20分鐘即可出爐。

小餐包

11個月以上
富含蛋白質

鮮奶、雞蛋都含有蛋白質和豐富的營養素,自製的小餐包營養好吃又健康。

材料:

高筋麵粉235g、砂糖15g、無鹽奶油20g、鮮奶110cc(或配方奶、母奶)、雞蛋1顆、蛋液適量、鹽少許、酵母粉2.5g。

作法:

❶ 奶油隔水加熱融解後,將蛋、鮮奶、融解奶油慢慢加入攪拌均勻。

❷ 把麵粉、鹽、酵母粉、糖拌勻,拌至看不到顆粒。

❸ 將麵糰放入大鍋內,蓋上保鮮膜並放入冰箱冷藏8個小時以上。

❹ 取出後,分切成小麵糰(約6～7個),桿平後再包起。

❺ 包好再靜置約40分鐘,發酵後刷上蛋黃液後,放入預熱好之烤箱,用170度烤20分鐘即可。

南瓜鮮奶饅頭

11個月
以上
預防
便祕

南瓜富含維生素A、維生素C、膳食
纖維，除了能預防癌症，還有預防便祕
的功效。

材料：

低筋麵粉50g、中筋麵粉160g、南瓜150g、
鮮奶50cc（或配方奶、母奶）、鹽0.5g、即
發酵母粉5g。

作法：

❶ 將南瓜去皮蒸熟，壓成南瓜泥後，與其他
材料倒入麵包機或蛋盆，混合搓揉成一個
光滑不黏手麵糰，蓋上溼布靜置25分鐘。

❷ 將麵糰移到工作台上，分切成每顆約60g
後，桿開捲起整形，收口朝下。

❸ 再次發酵50分鐘（可以煮一鍋溫水，將蒸
籠放上，微溫發酵比較快）。

❹ 將發酵好之麵糰，開大火蒸煮20分鐘即可
出爐。

百香綿花蛋糕

百香果含有維生素C、維生素A、β胡蘿蔔素等營養，能增強免疫力，也有增進鐵質吸收的功用。

材料：

雞蛋1顆、蛋黃1個、細砂糖3g、百香果2顆、低筋麵粉20g、在來米粉20g。

作法：

❶ 將蛋白與蛋黃分開後，蛋黃與百香果、麵粉、在來米粉打成蛋黃糊。

❷ 蛋白跟糖打發成蛋白糊，再以刮刀分批混入蛋黃糊後，輕輕攪拌均勻。

❸ 將麵糊倒入蛋糕膜或是其他容器，放入烤箱170度、烤15分鐘即可。

平底鍋煎蛋糕

蛋糕除了可以用烤箱、電鍋做之外，甚至還能用平底鍋煎，趕快來試看看吧！

材料：

低筋麵粉60g、細砂糖10g、鮮奶20cc、全蛋2顆、酵母粉2g。

作法：

❶ 蛋、細砂糖、低筋麵粉、酵母粉，全部攪拌均勻成麵糊。

❷ 把麵糊放入冰箱冷藏靜置1～2個小時。

❸ 取平底鍋熱鍋後，倒入麵糊，蓋上蓋子，火轉至最小，悶煎15～20分鐘即可。

蛋糕水果捲

11個月以上
營養豐富

可以依自己喜好，舖入想要的水果丁，再捲起即是營養可口的水果捲。

材料：

低筋麵粉60g、細砂糖8g、鮮奶30cc、全蛋2顆、酵母粉2g、水果丁適量。

作法：

1. 蛋、細砂糖、低筋麵粉、酵母粉，全部攪拌均勻成麵糊。
2. 把麵糊放入冰箱冷藏靜置1～2個小時。
3. 將麵糊倒入方型模，180度烤12分鐘，最後舖上水果丁捲起即可。

香橙電鍋蛋糕

11個月以上
促進食慾

柳橙富含維他命C、膳食纖維、檸檬酸，有促進食慾、幫助消化、改善便祕的功效。

材料：

雞蛋3顆、低筋麵粉90g、細砂糖10g、柳橙汁70cc、柳橙泥20g。

作法：

1. 先將蛋白與蛋黃分開後，接著把蛋黃與柳橙汁、柳橙泥、低筋麵粉，打成蛋黃糊。
2. 蛋白跟糖打發，再將蛋白糊以刮刀分批混入蛋黃糊，輕輕攪拌均勻。
3. 最後將麵糊倒入馬克杯至8分滿，放入電鍋，外鍋用2杯水按下，待開關跳起即可。

蜂蜜蛋糕

1歲以上
整腸健胃

鮮奶、雞蛋是營養豐富的食材，搭配蜂蜜製作的蛋糕，營養又好吃。

材料：

低筋麵粉80g、細砂糖15g、鮮奶20cc、蜂蜜25cc、全蛋3顆。

作法：

1. 把蜂蜜、鮮奶隔水加熱攪拌均勻（將蜂蜜融入鮮奶即可），放旁備用。
2. 把蛋、糖攪拌至泛白（隔水加熱至約40度再攪打）後，把步驟1、2混合攪拌。
3. 慢慢倒入蛋糕膜，以烤箱預熱160度、烤40分鐘即可。

雞蛋糕

1歲以上
富含蛋白質

蜂蜜雖然營養豐富，但1歲以下腸胃還未發展健全，容易受肉毒桿菌感染，不能食用蜂蜜喔！

材料：

鮮奶110cc、蜂蜜15cc、低筋麵粉100g、無鹽奶油15g、細砂糖15g、蛋2個、泡打粉3g。

作法：

1. 蛋、砂糖打散混合後，再把牛奶、蜂蜜混合倒入，然後加入融解後的奶油。
2. 加入過篩麵粉、泡打粉，攪拌均勻後放入冰箱靜置10分鐘，再倒入醬料瓶，擠入雞蛋糕膜。
3. 烤箱預熱140度，烤20分鐘即可。

蜂蜜瑪德蓮

1歲以上 提升免疫力

蜂蜜有整腸健胃、提高免疫力、消除疲勞的功效，但是建議1歲以後再給寶寶食用喔！

材料：

低筋麵粉80g、蜂蜜15cc、杏仁粉15g、無鹽奶油30g、細砂糖15g、蛋2個、鹽1g。

作法：

❶ 無鹽奶油加熱融解放旁備用。

❷ 接下來把2顆雞蛋打入蛋盆，再加入糖、鹽、蜂蜜攪拌均勻。

❸ 將麵粉、杏仁粉混合過篩加入，攪拌至看不到粉粒，最後加入融解後的奶油，打散到均勻。

❹ 將麵糊倒入擠花袋，放入冰箱冷藏1個小時後，將袋子角落剪洞並擠入瑪德蓮膜。

❺ 烤箱預熱180度，烤20分鐘後，放涼再出爐脫膜。

鮮奶司康

1歲以上 富含蛋白質

司康是下午茶常見的點心，混合了奶油、鮮奶、雞蛋，富含許多營養喔！

材料：

低筋麵粉220g、細砂糖20g、全蛋1顆、無鹽奶油（室溫軟化）60g、鮮奶40cc（另準備少許備用）、鹽1g。

作法：

❶ 先把奶油切小塊後，再冰回冷藏。將低筋麵粉、細砂糖、鹽過篩混合後，加入剛剛放入冷藏的奶油，攪拌至看不到奶油塊。

❷ 全蛋跟鮮奶先行攪拌混合成「雞蛋鮮奶」後，分批倒入盆中，用刮刀或手，攪拌至完全無顆粒之麵糰。

❸ 將麵糰移出蛋盆，以烤盤紙或保鮮膜上下包住，並桿至1公分大小，桿好之麵皮，由中間對切後再相疊。

❹ 桿平、對切、堆疊的動作至少重覆3次後，再用保鮮模包覆，放入冰箱冷藏1個小時後，拿出來對切成小塊。表面刷上鮮奶，放入烤箱預熱170度、烤25分鐘即可。

電鍋蒸米蛋糕

1歲以上 促進消化

這是一道無油、少糖的健康料理，加入百香果的酸甜滋味，營養又好吃。

材料：

雞蛋3顆、在來米粉90g、細砂糖10g、鮮奶60cc（或配方奶、母奶）、百香果1顆。

作法：

❶ 蛋白與蛋黃分開後，蛋黃與鮮奶、百香果、在來米粉打成蛋黃糊。

❷ 蛋白跟糖打成蛋白糊，以刮刀分批混入蛋黃糊，輕輕攪拌均勻。

❸ 將麵糊倒入蛋糕膜或其他容器，放入電鍋，以外鍋2杯水按下，開關跳起即可。

免揉鬆餅麵包

1歲以上
鈣含量高

家裡有鬆餅機的人，可以做這款免揉的鬆餅麵包，營養又好吃喔！

材料：

高筋麵粉265g、酵母粉3g、細砂糖10g、鹽1g、鮮奶80cc、雞蛋1顆、無鹽奶油15g（放室溫軟化）、橄欖油20cc。

作法：

① 將雞蛋、奶油、橄欖油、鮮奶等先行拌勻後，加入麵粉、酵母粉、鹽、細砂糖拌勻，直至看不到顆粒。

② 麵糰放入較大鍋內，蓋上保鮮膜或蓋子，放進冰箱冷藏8個小時以上（目測體積約2倍大）。

③ 取出麵糰分成8等分後，靜置20分鐘。取出鬆餅機，將分好的麵糰一一放入，烤5～10分鐘即可。

寶寶的副食品營養素攝取

嬰幼兒時期，容易缺乏哪些營養素？

　　根據一些營養調查結果可以發現，嬰幼兒時期容易有部分營養素缺乏的問題，像是**維生素D、鈣質、鐵質、葉酸**等。因此，在4～6個月開始介入副食品之後，爸媽們就需要特別留意富含這些營養素的食物，平時飲食時是否有攝取足夠。以下將針對維生素D、鈣質、鐵質及葉酸來分別加以說明。

維生素D

　　為什麼在寶寶身上容易有維生素D缺乏的問題呢？維生素D屬於脂溶性維生素之一，主要分成D2及D3兩種形式。人類皮膚經過陽光的紫外線UVB照射下，會轉換成維生素D3，在經過肝臟、腎臟的活化，會轉變成活化型的維生素D3，活化型態的維生素D3就可以在體內發揮生理功能了，像是幫助鈣質吸收等作用。維生素D2是植物中的麥角固醇經由日光活化而來，所以像是曬過日照的香菇，就含有豐富的維生素D2，無論是維生素D2或是維生素D3，在體內皆能促進鈣質吸收，只是維生素D3的利用率較佳。

維生素D最主要的來源，就是「曬太陽」，這個要「看天吃飯的維生素」，當天氣不好，基本上維生素D就很難吸收的足夠，在台灣，雨季來臨或是秋冬陰雨綿綿，想要透過曬太陽來獲得足夠的維生素D，更是難上加難。這幾年的營養調查也發現，無論是哪個年齡層的民眾，小至嬰幼兒，大至老人，幾乎有八成以上的國人有維生素D缺乏的問題，素食者更是要特別留意維生素D是否缺乏與否。因此，透過飲食上的加強以及維生素D的補充，似乎是勢在必行。

維生素D缺乏，容易造成骨骼礦物質化不足，在嬰幼兒時期為佝僂症，在成人則為骨軟化症或是提高了骨質疏鬆的風險。此外，這幾年許多研發也發現，維生素D與免疫、糖尿病、癌症、心血管疾病、肌少症等健康議題有關，但除了維生素D與骨骼健康的關係為實證科學所確認之外，其餘的關係均缺乏有力的實證醫學支持。

在嬰幼兒階段，前6個月來說，一般新手爸媽鮮少帶這年紀的寶寶外出，其實只要避免太陽光直射眼睛，或是避開正中午到下午2點這段時間，夏天的話，曬個5～10分鐘，就可以獲得足夠的維生素D了，冬天的話，就要延長到20分鐘。除了日照之外，**飲食中也需要為寶寶的副食品多留意一些維生素D豐富的食物來源，像是魚類(鮭魚)、蕈類(日曬過)、維生素D強化的配方奶等**，雖然100公克的黑木耳維生素D含量非常高(如下表所示)，但平時很少會吃到100公克這麼多的黑木耳，反而是100公克的鮭魚比較容易做到，而且維生素D的食物來源並不多樣，因此，建議平時也可以透過保健品來補充維生素D，寶寶也可以選擇滴劑的劑型，方便添加於配方奶或是副食品之中。

◎以下為維生素D豐富的食物來源及含量

食物	每100公克食物，維生素D含量 (國際單位, IU)	一份重量(公克)	每份食物，維生素D含量 (國際單位, IU)
黑木耳	1968	100	1968
鮭魚	880	35	308
秋刀魚	760	35	266
乾香菇 (經過日曬)	672	100	672
吳郭魚	440	35	154
鴨肉	124	30	37.2
雞蛋	64	55	35.2
豬肝	52	30	15.6

※參考台灣食品成分資料庫

　　美國小兒科醫學會建議，無論何種哺餵方式，應於寶寶出生後不久即給予每天400 IU (國際單位)的維生素D補充劑；目前，臺灣小兒科醫學會的建議與美國小兒科醫學會的建議相同。

　　提供給讀者「國人膳食營養素參考攝取量(DRIs)修訂第八版」的維生素D資料參考。

◎ 國人膳食營養素參考攝取量修訂第八版，針對於0～3歲嬰幼兒、孕婦及哺乳婦的維生素D足夠攝取量(AI)及上限攝取量(UL)

年齡層	AI (足夠攝取量)	UL (上限攝取量)
0～6個月	10微克 (400 IU)	25微克 (1000 IU)
7～12個月	10微克 (400 IU)	25微克 (1000 IU)
1～3歲	10微克 (400 IU)	50微克 (2000 IU)
孕婦	10微克 (400 IU)	50微克 (2000 IU)
哺乳婦	10微克 (400 IU)	50微克 (2000 IU)

鈣質

　　鈣質是生長發育中的嬰幼兒最需要的礦物質之一，攝取足夠的鈣質，有助於寶寶6～7個月的長牙階段、一歲之後的長高長壯。**從4～6個月開始接觸副食品，爸媽們不妨可以從黑芝麻粉、板豆腐、豆乾、魚類、蝦皮、深綠色蔬菜（像是地瓜葉、綠花椰菜等）來增加鈣質的攝取，若是滿一歲以上的大寶寶，就可以再透過鮮奶來提高鈣質的攝取量**；另外，對於全母奶哺餵的媽媽來說，富含鈣質的食物攝取更是重要，等於是一人吃兩人補的概念，若一般飲食很難攝取到足夠的量（哺乳婦，每日鈣質建議攝取量為1000毫克），建議也可以從營養補充品來獲得足夠的鈣質。關於鈣質豐富的食物參考，如下表所示。

◎ 以下為含有豐富鈣質的食物來源及含量：

食物	每100公克含鈣量 (毫克)	一份重量 (公克)	每份含鈣量 (毫克)
高鈣黑芝麻粉	1720	10	172
髮菜	1263	10	126.3
小方豆干	685	40	274
五香豆干	273	35	95.6
傳統豆腐	140	80	112
地瓜葉	100	100	100
鮮奶	110	240	264
小魚乾	2213	10	221.3
蝦皮	1381	20	276

※參考台灣食品成分資料庫、市售芝麻粉比較

以下主要是針對於嬰幼兒、孕婦及哺乳婦的足夠攝取量，以表格做整理，提供給爸媽們參考。

◎ **國人膳食營養素參考攝取量修訂第八版，針對於0～3歲嬰幼兒、孕婦及哺乳婦的鈣質足夠攝取量(AI)及上限攝取量(UL)：**

年齡層	AI (足夠攝取量)	UL (上限攝取量)
0～6個月	300 毫克	1000 毫克
7～12個月	400 毫克	1500 毫克
1～3歲	500 毫克	2500 毫克
孕婦	1000 毫克	2500 毫克
哺乳婦	1000 毫克	2500 毫克

由上表所知，保健食品的劑量很重要，**成人的劑量很有可能就是寶寶的上限攝取量，所以不能將成人的保健食品給小孩吃。0～3歲寶寶補鈣，從一般天然食物攝取是最安全，而且來源多樣，很容易就可以達到建議攝取量300～500毫克不等**，但隨著小孩越來越大，進入幼稚園、國小、國中、高中階段，鈣質的需求會逐年增加，這時候也就要越留意攝取量是否足夠等問題了。

鐵質

　　這幾年各個專家在說明關於嬰幼兒的營養素時，你會發現特別關注於「鐵質」，主要是因為鐵質不僅提供新生兒的腦部發育，更攸關於寶寶長大後的「認知」功能，影響的時間甚至可以到小學階段（4～12歲），缺鐵的孩子，除了會有一些貧血的問題外，也容易疲倦、較無血色，學習力及認知力下降等，所以，在寶寶階段，「鐵質攝取的足夠與否」是他們成長發育中的關鍵。

　　出生後的嬰兒不太會缺鐵，除非媽媽本身是處於缺鐵貧血狀態，嬰兒才會有缺鐵或是邊源性缺鐵的風險，主要是因為**媽媽在懷孕第三階段7～9個月，是「補鐵」最重要的時期，若第三孕期補鐵補得好，寶寶體內的鐵質足夠用到出生後的4個月大，爾後再透過副食品的給予，延續鐵質的攝取，這樣就比較不會有缺鐵的風險。**但是若母體在第三孕期補鐵補得不夠好的話，寶寶的確會有比較高的缺鐵風險；此外，母奶的鐵質含量也是相對較低，因此，純母奶哺餵的寶寶，在銜接副食品的階段，也需要特別留意富含鐵質的食物攝取，以避免發生缺鐵性貧血等健康問題。

　　含鐵豐富的食物（如下表所示），一般來說，動物性的食物像豬肝、牛肉、豬瘦肉、羊肉、蝦、蜆等。植物性食物的話像是菠菜、紅莧菜、紅鳳菜、黑木耳、乾豆類、紅火龍果等，但由於動物性含鐵豐富的食物，含有「血基質鐵」的關係，身體的吸收率較高（約30％），而植物性食物的鐵為「非血基質鐵」，所以吸收率並不高（約3～5％），因此，考量「吸收率」的關係，建議在寶寶開始接觸副食品的階段，可以攝取一些紅肉類、豬肝、蜆等動物性食物，餐後再攝取一些富含維生素C的水果，如芭樂、奇異果、柑橘類、草莓、小番茄等，可以更有效率地提高鐵質的吸收。

◎ 以下為含有豐富鐵質的食物來源及含量

食物	每100公克含鐵量(毫克)	一份重量(公克)	每份含鈣量(毫克)	吸收率
豬肝	11	30	3.3	
牛肉	2.8	40	1.12	約30%
文蛤	12.9	60	7.74	
菠菜	2.1	100	2.1	
紅莧菜	12	100	12	
紅鳳菜	5.97	100	5.97	約3~5%
髮菜	33.8	10	3.38	
紅火龍果	1.44	110	1.58	

※參考台灣食品成分資料庫

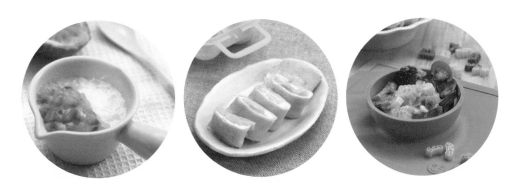

葉酸

在2011年臺灣嬰幼兒體位與營養狀況調查結果顯示，1～3歲的幼兒，在葉酸平均攝取量皆有不足的現象，未達2/3參考攝取量，4～6歲兒童更是嚴重。「葉酸」屬於維生素B群的其中一種，若是缺乏的話，會干擾紅血球的形成而引起巨球性貧血，或是腹瀉、吸收不良、免疫力下降、神經發育及功能受損等健康問題。因此，建議嬰幼兒在接觸副食品後，留意**富含葉酸的食物攝取，像是深綠色蔬菜、全穀雜糧、豆類等食物**，以免嬰幼兒的葉酸缺乏。以下列表提供關於0~3歲嬰幼兒的葉酸攝取量。

◎ **國人膳食營養素參考攝取量修訂第八版，針對於0～3歲嬰幼兒的葉酸參考攝取量：**

年齡層	AI (足夠攝取量)	參考攝取量
0～6個月	70 微克	-
7～12個月	85 微克	-
1～3歲	-	170 微克

寶寶的水份需求

寶寶的水份需求，家長可以參考以下的表格：

開始攝取副食品的寶寶，水分的給予相當重要，若攝取不足的話，容易造成便秘等健康問題。

體重	水分攝取公式	舉例
3.5～10公斤 寶寶	每日飲水量= 100 mL x 體重Kg	8公斤寶寶每日飲水量為800 mL
11～20 公斤 幼兒	每日飲水量= 50 mL x (體重Kg-10)+1000 mL	15公斤幼兒每日飲水量 =1250 mL [50x(15-10)+1000]=1250

✔ 6個月以內全母乳寶寶，不需要再額外給予水分

✔ 1歲以前的水分給予，盡量提供含水量較高的食物，譬如說豆漿、清湯等。

✔ 水分給予不是越多越好，需考量到寶寶腎臟發育，以及是否會有低血鈉的風險。

✔ 清湯也可以列入水份的計算。

嬰幼兒何時可以喝鮮奶？

滿1歲以上的寶寶可以喝鮮乳囉！那麼1歲以前為什麼不建議喝鮮奶呢？鮮奶的營養價值雖然很高，但是鮮奶內所含的蛋白質分子結構較大，寶寶的腸胃消化功能尚未發育完全，可能無法完全消化吸收。另外，1歲以前的寶寶腎臟功能未發育完全，鮮奶

內的礦物質也會對其造成負擔，所以**建議爸媽不要讓1歲以前的寶寶，完全喝鮮奶取代喝配方奶或母奶，容易造成腸胃及腎臟的負擔。**若是製作湯品或饅頭時加入少量鮮乳，只是少量攝取的話，則無妨。

鮮乳的發酵製品，像是優格或是優酪乳，可以少量當作副食品提供給寶寶。由於優格或優酪乳經過發酵，乳蛋白的分子較小，對寶寶來說負擔較小，但同樣也建議不要完全取代配方奶或母奶，**1歲以前的寶寶，配方奶和母奶還是主要的營養來源。**

滿1歲以上的寶寶，可以開始喝些鮮奶，鮮奶屬於六大類食物的乳品類，**1歲以上的寶寶不需要低脂鮮奶，建議給予全脂鮮奶，全脂鮮奶可以提供豐富的脂肪及蛋白質、鈣質，以利寶寶生長發育所需。除了鮮奶之外，良好的乳製品來源有優格、優酪乳、起司、乳酪絲等，**所以同類的食物，也可以做替換、多樣攝取，提供給寶寶更多元的食物刺激，降低之後挑食或偏食的問題。

鮮奶的鈣質來源非常豐富，**1毫升的鮮奶大約可以提供1毫克的鈣質，市售1小罐新鮮屋包裝的全脂鮮奶，含量有290毫升，可以提供熱量189大卡、蛋白質9.3公克、脂肪10.7公克、碳水化合物13.3公克以及鈣質319毫克。**豐富的蛋白質及鈣質，可以有助於寶寶的長牙、長高、長壯，是生長發育所必需的養分，所以當寶寶滿1歲以上的時候，有時可以跟著大人一起喝全脂鮮奶也是沒問題的！

InnoMED 前瞻生醫

多項SGS
檢驗認證

SGS
· 抗菌能力達99.99%

0 酒精
0 抗生素 ─── 0 刺激

溫和守護寶貝嬌嫩肌膚

深次微米錯離子
抗菌噴霧

01 最罩抗菌保護力

02 獨創鎮定修復成分

03 無酒精等刺激性成份

一瓶擊退多種壞菌 給寶寶全方位保護

Pseudotyped
實證對COVID-19病毒有效抑制

創深次微米錯離
以溫和物理性的
菌機制，有效解
病原菌危害，給
寶肌膚長效保護
！告別因細菌造
寶寶肌膚不適。

 白念珠球菌
尿布疹元凶

 大腸桿菌
腹瀉元凶

 金黃色葡萄球菌
食物中毒元凶

 痤瘡桿菌
痘痘元凶

 綠膿桿菌
傷口感染元凶

急救寶貝脆弱肌膚

尿布疹

寶貝抓傷

蚊蟲叮咬

其他肌膚不適

#備註:本產品為日常用品,若情況嚴重應盡速就醫

抗菌、修復、防護 讓媽咪寶貝都有最強防護罩！

 前瞻生醫
官方網站

 前瞻生醫InnoMED

Orange Baby 15

200道嬰幼兒主副食品
全攻略暢銷增訂版

作者：小潔

出版發行

橙實文化有限公司 CHENG SHI Publishing Co., Ltd
粉絲團 https://www.facebook.com/OrangeStylish/
MAIL: orangestylish@gmail.com

作　　者	小潔
審　　訂	林俐岑 營養師
總 編 輯	于筱芬 CAROL YU, Editor-in-Chief
副總編輯	謝穎昇 EASON HSIEH, Deputy Editor-in-Chief
業務經理	陳順龍 SHUNLONG CHEN, Sales Manager
媒體行銷	張佳懿 KAYLIN CHANG, Social Media Marketing
美術設計	楊雅屏 YANG YA PING

製版・印刷・裝訂　皇甫彩藝印刷股份有限公司
贊助廠商　 InnoMED 前瞻生醫

編輯中心

ADD／桃園市大園區領航北路四段382-5號2樓
2F., No.382-5, Sec. 4, Linghang N. Rd., Dayuan Dist., Taoyuan City 337, Taiwan (R.O.C.)
TEL／（886）3-381-1618　FAX／（886）3-381-1620
MAIL: orangestylish@gmail.com
粉絲團https://www.facebook.com/OrangeStylish/

經銷商

聯合發行股份有限公司
ADD／新北市新店區寶橋路235巷弄6號6號2樓
TEL／（886）2-2917-8022　FAX／（886）2-2915-8614

二版一刷 2022年6月

橙實文化有限公司
CHENG -SHI Publishing Co., Ltd

33743 桃園市大園區領航北路四段 382-5 號 2 樓
讀者服務專線：（03）3811618

請沿虛線剪下，對摺黏貼寄回，謝謝！

暢銷數萬本，全新增訂版 ✕ 營養師把關！讓寶貝的營養素攝取更全面！

300萬父母都說讚！

200道 嬰幼兒
主+副食品
全攻略 熱銷增訂版

手殘媽咪也會做！電鍋、烤箱、平底就能完成的0～3歲嬰幼兒美味健康餐！

作者──小潔　　審訂──林俐岑 營養師

Orange Baby 系列　讀者回函

書系： Orange Baby 15

書名： **200 道嬰幼兒主副食品全攻略【熱銷增訂版】**
　　　 手殘媽咪也會做！電鍋、烤箱、平底鍋就能完成的0～3歲嬰幼兒美味健康餐